高等职业院校信息技术应用"十三五"规划教材

大学计算机应用及实训

张晓琦 张一民 ◎ 主编

侯健群 徐旭阳 夏俊博 王明菊 ◎ 副主编

U0317183

DAXUE JISUANJI
YINGYONG JI SHIXUN

人民邮电出版社

北 京

图书在版编目（CIP）数据

大学计算机应用及实训 / 张晓琦，张一民主编. --
北京 ： 人民邮电出版社，2016.8
高等职业院校信息技术应用"十三五"规划教材
ISBN 978-7-115-43168-4

Ⅰ. ①大… Ⅱ. ①张… ②张… Ⅲ. ①电子计算机—
高等职业教育—教材 Ⅳ. ①TP3

中国版本图书馆CIP数据核字(2016)第193192号

内 容 提 要

本书内容包括办公软件和常用的工具软件，办公软件为 Office 2010 的主要组件 Word、Excel、
PowerPoint，常用的工具软件有驱动管理软件、压缩软件、杀毒软件、看图工具软件、网络下载软件等。

本书主要面向对象为非计算机专业的学生，或计算机应用能力零基础的学员。本书可作为信息技
术普及教材，同时也可作为办公自动化的参考资料。

◆ 主　编　张晓琦　张一民
　　副 主 编　侯健群　徐旭阳　夏俊博　王明菊
　　责任编辑　刘盛平
　　执行编辑　王丽美
　　责任印制　焦志炜

◆ 人民邮电出版社出版发行　　北京市丰台区成寿寺路 11 号
　　邮编　100164　电子邮件　315@ptpress.com.cn
　　网址　http://www.ptpress.com.cn
　　三河市海波印务有限公司印刷

◆ 开本：787×1092　1/16
　　印张：13.75　　　　　　　　　　2016 年 8 月第 1 版
　　字数：348 千字　　　　　　　　2016 年 8 月河北第 1 次印刷

定价：36.00 元

读者服务热线：(010)81055256　印装质量热线：(010)81055316
反盗版热线：(010)81055315

前言

随着信息技术的飞速发展，计算机在社会发展中的地位也日益提升。同时，根据计算机科学技术发展的学科特点，计算机应用的能力应面向社会、面向大众，成为当代年轻人必备的一个基本技能。

为了适应当前经济建设对人才知识结构、计算机应用技能的要求，适应计算机科学技术和应用技术的迅猛发展，适应高等学校新生知识结构的变化，我们总结多年来的教学实践；同时，根据"教育部非计算机专业计算机基础课程教学指导分委员会"提出的《关于进一步加强高校计算机基础教学的意见》中有关"大学计算机基础"课程教学的要求，组织编写了本教材。本书取材既照顾到了计算机基础教育的基础性、广泛性和一定的理论性，又兼顾了计算机教育的实践性、应用性和更新发展性；既照顾到了高校新生中从未接触过计算机的部分学生，又兼顾了具有一定计算机基础的学生的学习要求。

"大学计算机基础"是大学计算机教学的最基础课程，考虑到读者群主要为高校非计算机专业的学生，本书在内容安排上，加强了计算机办公软件操作学习，使学生了解信息技术的发展趋势，熟悉典型的计算机操作系统，同时具备使用常用软件处理日常事务的能力，为专业学习奠定必要的计算机基础，为学生后续的专业课程提供信息技术的支持。

全书包含基础知识篇和实训指导篇，共分 8 章，基础知识篇主要内容包括：Word 2010 的使用、Excel 2010 的使用、PowerPoint 2010 的使用、常用工具软件，并在最后配有各章的实训练习；实训指导篇主要内容包括 Word 2010 文字处理实训指导、Excel 2010 电子表格实训指导、PowerPoint 2010 演示文稿实训指导、常用工具软件实训指导。本书内容密切结合该课程的基本教学要求，兼顾零基础和具备一定基础学员的要求，结构严谨、层次分明、叙述准确，为教师发挥个人特长留有较大的余地。在教学内容上，各学校可根据教学学时、学生的基础进行选取。

本书由张晓琦、张一民任主编，侯健群、徐旭阳、夏俊博、王明菊任副主编。其中，张晓琦编写实训指导篇，张一民编写基础知识篇第 1 章、侯健群编写基础知识篇第 2 章、徐旭阳编写基础知识篇第 3 章、夏俊博、王明菊编写基础知识篇第 4 章。

由于编者水平有限，书中难免存在不足和疏漏之处，敬请读者批评指正。

编者
2016 年 5 月

目 录 CONTENTS

基础知识篇

第1章　Word 2010 的使用　　2

第 2 章　Excel 2010 的使用　　42

第 3 章　PowerPoint 2010 的使用　　92

实训指导篇

第3章 PowerPoint 2010 演示文稿实训指导 179

第4章 常用工具软件实训指导 200

基础知识篇

PART 1

第 1 章
Word 2010 的使用

1.1 Word 2010 概述

Word 是 Microsoft 公司出版的一个文字处理器应用程序。Microsoft Word 2010 提供了许多编辑工具，可以使用户更轻松地制作出精美的、具有专业水准的文档。

1.1.1 Word 2010 的启动和退出

1.启动 Word 2010 应用程序

启动 Word 2010 有以下几种方法。

STEP 1 在"开始"菜单中选择"所有程序"→"Microsoft Office"→"Microsoft Office Word 2010"选项，即可启动 Word 应用程序。类似操作也可以启动 Office 2010 中的其他程序。

STEP 2 如果在桌面上建立了各应用程序的快捷方式，直接双击快捷方式图标即可启动相应的应用程序。

STEP 3 如果在任务栏上有应用程序的快捷方式，直接单击快捷方式图标即可启动相应的应用程序。

STEP 4 按下 Win+R 组合键，调出"运行"对话框，输入"Word"，接着单击"确定"按钮也可以打开 Word 2010。

2.退出 Word 2010 应用程序

退出 Word 2010 有以下几种方法。

STEP 1 打开 Microsoft Office Word 2010 程序后，单击程序右上角的"关闭"按钮 ▇▇，可快速退出主程序，如图 1-1 所示。

STEP 2 打开 Microsoft Office Word 2010 程序后，右击"开始"菜单栏中的任务窗口，打开快捷菜单，选择"关闭"按钮，可快速关闭当前开启的 Word 文档，如果同时开启较多文档可用该方式分别进行关闭，如图 1-2 所示。

图 1-1　单击"关闭"按钮

图 1-2　使用"关闭"按钮

STEP 3 直接按 Alt+F4 组合键。

如果退出应用程序前没有保存编辑的文档，系统会弹出一个对话框，提示保存文档。

1.1.2 Word 2010 窗口的基本操作

启动 Word 2010 程序，打开工作窗口，如图 1-3 所示。

Word 2010 工作窗口主要包括有标题栏、窗口控制按钮、快速访问工具栏、菜单栏、功能区、标尺、文档编辑区、状态栏、视图切换区、状态栏、滚动条等。

① 标题栏：在窗口的最上方显示文档的名称。

② 窗口控制按钮：它的左端显示控制菜单按钮图标，其后显示文档名称，右端显示最小化、最大化或还原和关闭按钮图标。

③ 快速访问工具栏：显示在标题栏最左侧，包含一组独立于当前所显示选项卡的选项，是一个可以自定义的工具栏，可以在其中添加一些最常用的按钮。

④ 菜单栏：显示 Word 2010 所有的菜单项，包括文件、开始、插入、页面布局、引用、邮件、审阅和视图菜单。

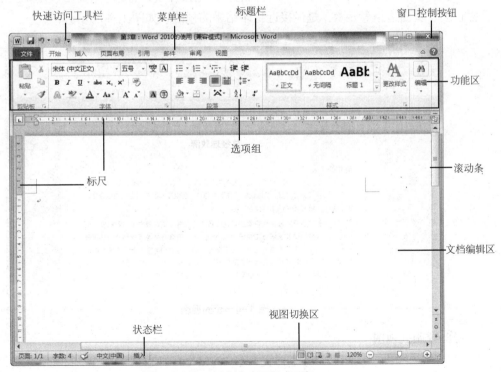

图 1-3　Word 2010 窗口组成元素

⑤ 功能区：功能区中显示每个菜单中包括的多个"选项组"，这些选项组中包含具体的功能按钮。

⑥ 标尺：在 Word 中使用标尺，可快速估算出编辑对象的物理尺寸，如通过标尺可以查

看文档中图片的高度和宽度。标尺分为水平标尺和垂直标尺两种，默认情况下，标尺上的刻度以字符为单位。

⑦ 文档编辑区：是指 Word 文档输入和编辑的区域。

⑧ 状态栏与视图切换区：文档的状态栏分别显示了该文档的状态内容，包括当前的页数/总页数，文档的字数，校对文档出错内容，语言设置，设置改写状态。在视图切换区中，可以调整视图的转换方式和文档显示比例。

⑨ 滚动条和按钮：默认情况下，在文档编辑区域内仅显示 15 行左右的文字，为了查看文档的其他内容，可以拖动文档编辑窗口上的垂直滚动条和水平滚动条，或者单击上三角按钮▲或下三角按钮▼，使屏幕向上或向下滚动一行来查看，还可以单击"前一页"按钮▲和"下一页"按钮▼，向上向下滚动一页来查看。

1.1.3　Word 2010 文件视图

在 Word 2010 中提供了多种视图模式供用户选择，这些视图模式包括"页面视图""阅读版式视图""Web 版式视图""大纲视图""草稿视图"等。用户可以在"视图"功能区中选择需要的文档视图模式，也可以在 Word 2010 文档窗口的右下方单击视图按钮选择视图。

1. 页面视图

"页面视图"可以显示 Word 2010 文档的打印结果外观，主要包括页眉、页脚、图形对象、分栏设置、页面边距等元素，是最接近打印结果的视图，如图 1-4 所示。

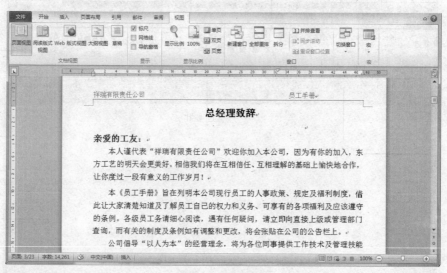

图 1-4　页面视图

2. 阅读版式视图

"阅读版式视图"以图书的分栏样式显示 Word 2010 文档，"文件"按钮、功能区等窗口元素被隐藏起来。在阅读版式视图中，用户还可以单击"工具"按钮选择各种阅读工具，如图 1-5 所示。

3. Web 版式视图

"Web 版式视图"以网页的形式显示 Word 2010 文档，Web 版式视图适用于发送电子邮件和创建网页。

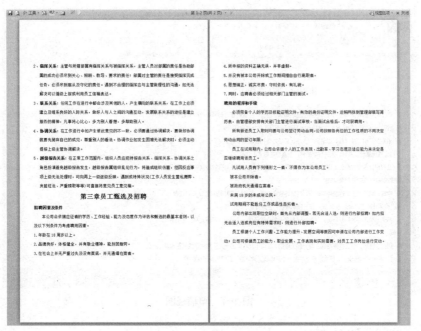

图 1-5 阅读版式视图

4. 大纲视图

"大纲视图"主要用于设置 Word 2010 文档和显示标题的层级结构，并可以方便地折叠和展开各种层级的文档。大纲视图广泛用于 Word 2010 长文档的快速浏览和设置，如图 1-6 所示。

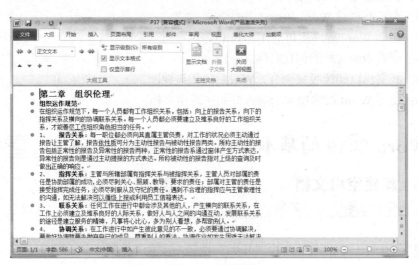

图 1-6 大纲视图

5. 草稿视图

"草稿视图"取消了页面边距、分栏、页眉页脚、图片等元素，仅显示标题和正文，是最节省计算机系统硬件资源的视图方式，如图 1-7 所示。当然，现在计算机系统的硬件配置都比较高，基本上不存在由于硬件配置偏低而使 Word 2010 运行遇到障碍的问题。

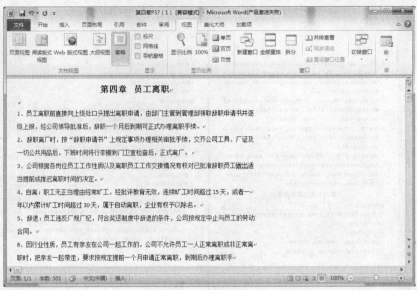

图 1-7　草稿视图

1.1.4　课后加油站

1. 考试重点分析

考生必须掌握 Word 2010 的基础知识，包括启动与退出 Word 2010，Word 2010 工作窗口的构成，以及获取 Word 帮助等知识。

2. 过关练习

练习 1：快速退出 Word 程序。

练习 2：在桌面创建 Word 2010 的快捷方式。

练习 3：启动 Word 程序后再关闭 Word 程序。

练习 4：查看当前文档的创建时间。

练习 5：将文档以阅读版式浏览，完成后关闭该视图。

练习 6：使用 Word 帮助搜索功能查看如何新建文档。

1.2　Word 2010 的基本操作

1.2.1　新建空白文档

空白文档分为 3 种，即一般的空白文档、空白网页和空白电子邮件。新建空白文档有以下 3 种方法。

STEP 1 在桌面上单击左下角的"开始"按钮→"所有程序"→"Microsoft Office"→"Microsoft Office Word 2010"命令，如图 1-8 所示，可启动 Microsoft Office Word 2010 主程序，打开 Word 空白文档。

STEP 2 在桌面上单击左下角的"开始"按钮→"所有程序"→"Microsoft Office"→"Microsoft Office Word 2010"（见图 1-8），接着再单击鼠标右键，在弹出的快捷菜单中选择"发送到"→"桌面快捷方式"，双击 Word 2010 图标，如图 1-9 所示，打开 Word 空白文档。

图 1-8　新建空白文档方法一

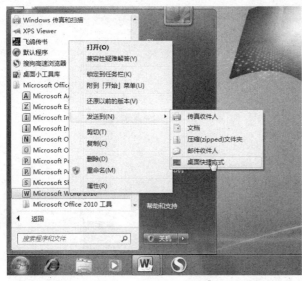

图 1-9　新建空白文档方法二

STEP 3 单击"文件"→"新建"→"空白文档"命令，立即创建一个新的空白文档，如图 1-10 所示。

图 1-10　新建空白文档方法三

注意 新创建的空白文档，其临时文件名为"文档1"，如果创建第2个空白文档，其临时文件名为"文档2"，其他的文件名以此类推。

空白文档是 Word 的常用文档模板之一，该模板提供了一个不含有任何内容和格式的空白文本区，允许自由输入文字，插入各种对象，设计文档的格式。

空白网页和空白电子邮件的创建方法与此类似，可根据上述 STEP 3 创建空白网页和空白电子邮件。

1.2.2 新建模板文档

1. 根据内置模板新建文档

STEP 1 单击"文件"→"新建"选项，在右侧选中"样本模板"，如图 1-11 所示。

图 1-11 选择样本

STEP 2 在"样本模板"列表中选择适合的模板，如"原创报告"，如图 1-12 所示。

图 1-12 选择模板

STEP 3 单击"创建"按钮即可创建一个与样本模板相同的文档，如图 1-13 所示。

图 1-13　新建的样本模板

2. 根据 Office Online 上的模板新建文档

STEP 1　单击"文件"→"新建"选项，在"Office Online"区域选择"贺卡"，如图 1-14 所示。

图 1-14　选择模板样式

STEP 2　在"Office Online 模板"栏中选择"致谢"，如图 1-15 所示。

图 1-15　选择模板类型

STEP 3 在打开的菜单中选择"致谢卡",单击"下载"按钮,如图 1-16 所示。

图 1-16　下载模板

STEP 4 在 Office Online 上下载所需的模板,如图 1-17 所示。

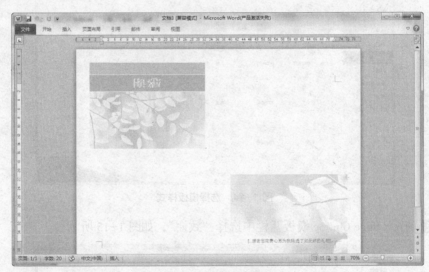

图 1-17　下载后的模板

1.2.3　保存为默认文档类型

在对创建的文档进行保存时,可以将文档保存为某一类型的文档,并将其设置为默认的文档保存类型。

STEP 1 单击"文件"→"选项"选项。

STEP 2 打开"Word 选项"对话框,在"保存"选项右侧单击"将文件保存为此格式"右侧下拉按钮,在下拉菜单中选择"Word 文档(*.docx)",如图 1-18 所示。

STEP 3 单击"确定"按钮,即可将"Word 文档(*.docx)"作为所有新建文档的保存类型。

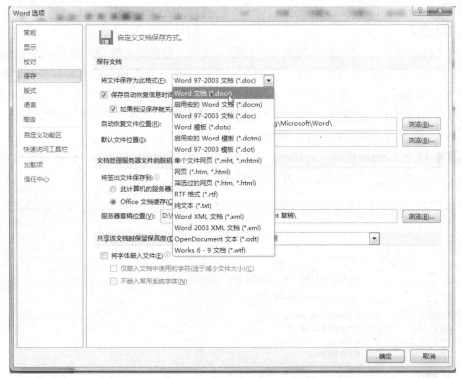

图 1-18　设置默认保存类型

1.2.4　课后加油站

1.考试重点分析

考生必须掌握 Word 2010 程序的创建和保存操作，包括创建空白文档、使用模板创建文档、将文档保存为网页、将文档保存为纯文本等知识。

2.过关练习

练习1：利用模板对话框建立一个空白文档。

练习2：将当前文档另存为网页文档形式。

练习3：将当前文档另存为纯文本类型。

练习4：启动 Word 后，在 Office Online 上下载一个简历模板。

1.3　Word 2010 文本操作与编辑

1.3.1　文本输入与特殊符号的输入

Word 2010 的基本功能是进行文字的录入和编辑工作，下面主要针对文本录入时的各种技巧进行具体介绍。

1.输入中文

输入中文时先不必考虑格式，对于中文文本，段落开始可先空两个汉字，即输入 4 个半角空格。当输入一段内容后，按 Enter 键可分段插入一个段落标记。

如果前一段的开头输入了空格，段落首行将自动缩进。输入满一页将自动分页，如果对分页的内容进行增删，这些文本会在页面间重新调整。按 Ctrl+Enter 组合键可强制分页，即加入一个分页符，确保文档在此处分页。

2. 自动更正

使用"自动更正"，可以自动检测和更正输入错误，包括拼写错误的单词和不正确的英文大写等。例如，如果输入"teh"和一个空格，"自动更正"会将输入的内容替换为"the"。如果输入"This is theh ouse"和一个空格，"自动更正"会将输入的内容替换为"This is the house"。也可使用"自动更正"快速插入在内置"自动更正"词条中列出的符号。例如，输入"（c）"则会插入©。设置自动更正的操作步骤如下。

STEP 1 打开"Word 选项"对话框。在左侧窗格单击"校对"选项，在右侧窗格单击"自动更正选项"按钮，如图 1-19 所示。

图 1-19 选择"自动更正选项"

STEP 2 打开"自动更正"对话框，选中各选项，如图 1-20 所示。

STEP 3 如果内置词条列表不包含所需的更正内容，可以添加词条。方法是：在"替换"文本框中输入经常拼写错误的单词或缩略短语，如"人事部"，在"替换为"文本框中输入正确拼写的单词或缩略短语的全称，如"人力资源部"，单击"添加"按钮即可。

STEP 4 可以简单地删除不需要的词条或添加自己的词条。

注意

"自动更正"功能不会自动更正超链接中包含的文字。

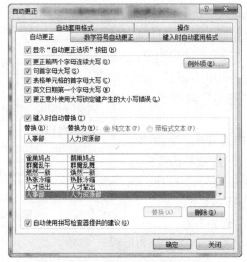

图 1-20　自动更正文本

3. 自动图文集

使用自动图文集，可以存储和快速插入文字、图形和其他经常使用的对象。Microsoft Word 自带一些内置的自动图文集词条，可以在"自定义"功能区将"自动图文集"添加到工具栏。

STEP 1 新建自动图文集词条。在 Word 2010 中，自动图文集词条作为构建基块存储。若要新建词条，请使用"新建构建基块"对话框。

STEP 2 在 Word 文档中，选择要添加到自动图文集词条库中的文本。在快速访问工具栏中，单击"自动图文集"，然后单击"将所选内容保存到自动图文集库"。

STEP 3 填充"新建构建基块"对话框中的信息。

● 名称：为自动图文集构建基块键入唯一名称。
● 库：选择"自动图文集"库。
● 类别：选择"常规"类别，或者创建一个新类别。
● 说明：键入构建基块的说明。

4. 插入符号和字符

符号和特殊字符不显示在键盘上，但是在屏幕上和打印时都可以显示。例如，可以插入符号，如¼和©；特殊字符，如长破折号"——"、省略号"…"或不间断空格；以及许多国际通用字符，如ë等。

可以插入的符号和字符的类型取决于可用的字体。例如，一些字体可能包含分数（¼）、国际通用字符（Ç、ë）和国际通用货币符号（£、¥）。内置符号字体包括箭头、项目符号和科学符号。还可以使用附加符号字体，如"Wingdings""Wingdings2""Wingdings3"等，它包括很多装饰性符号。

可以使用"符号"对话框，选择要插入的符号、字符和特殊字符，然后单击"插入"按钮插入。已经插入的"符号"保存在对话框中的"近期使用过的符号"列表中，再次插入这些符号时，直接单击相应的符号即可。而且可以调节"符号"对话框的大小，以便能看到更多的符号。还可以为符号、字符指定快捷键，以后可通过快捷键直接插入。还可以使用"自动更正"将输入的文本自动替换为符号。

插入符号的操作步骤如下。

STEP 1 在文档中单击要插入符号的位置。

STEP 2 在"插入"→"符号"选项组单击"符号"按钮，弹出"符号"对话框，再选择"符号"选项卡，如图 1-21 所示。

STEP 3 在"字体"框中选择所需的字体。

STEP 4 双击要插入的符号；或单击要插入的符号，再单击"插入"按钮，完成后单击"关闭"按钮。

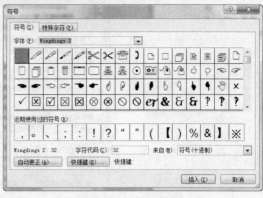

图 1-21　插入符号

插入特殊字符的操作步骤如下。

STEP 1 在文档中单击要插入特殊字符的位置。

STEP 2 单击"插入"→"符号"，选择"特殊字符"选项卡。

STEP 3 双击要插入的字符，完成后单击"关闭"按钮。

5.字符的插入、删除和修改

① 插入字符。首先把光标移到准备插入字符的位置，在"插入"状态下输入待添加的内容即可。对新插入的内容，Word 将自动进行段落重组。如系统处于"改写"状态下，输入内容将代替插入点后面的内容。

② 删除字符。把光标移到准备删除字符的位置，要删除光标后边的字符按 Del 键，要删除光标前边的字符则按 BackSpace 键。

③ 修改字符。有以下两种方法。

● 把光标移到准备修改字符的位置，先删除字符，再插入正确的字符。

● 把光标移到准备修改字符的位置，先选择要删除的字符，再插入正确的字符。

1.3.2　文本内容的选择

1.选定文档全部内容

（1）利用"全选"选项

打开文档，在"开始"→"编辑"选项组单击"选择"下拉按钮，在下拉菜单中选择"全选"命令，即可选中全部文档内容。

（2）使用快捷键

① 打开文档，按 Ctrl+A 组合键即可选中整个文档。

② 打开文档，按 Ctrl+Home 组合键，将光标移至文档首部，再按 Ctrl+Shift+End 组合键，即可选中整篇文档。

③ 打开文档，按 Ctrl+End 组合键，将光标移至文档尾部，再按 Ctrl+Shift+Home 组合键，即可选中整篇文档。

2.快速选定不连续区域的内容

使用拖动鼠标光标的方法将不连续的第一个文字区域选中，接着按住 Ctrl 键不放，继续用拖动鼠标光标的方法选取余下的文字区域，直到最后一个区域选取完成后，松开 Ctrl 键即可。

3.妙用 F8 键逐步扩大选取范围

① 按 1 次 F8 键将激活扩展编辑状态。

② 按 2 次 F8 键将选中光标所在位置的字或词组。

③ 按 3 次 F8 键将选中光标所在位置的整句。

④ 按 4 次 F8 键将选中光标所在位置的整个段落。

⑤ 按 5 次 F8 键将选中整个文档。

1.3.3 文本内容的复制与粘贴

复制所选文字：首先选定文本，按 Ctrl+C 组合键，即可复制文本。

粘贴所选文字：选定粘贴位置，按 Ctrl+V 组合键，即可粘贴文本。

1.3.4 Office 剪贴板

使用 Office 剪贴板可以从任意数目的 Office 文档或其他程序中收集文字、表格、数据表、图形等内容，再将其粘贴到任意 Office 文档中。例如，可以从一篇 Word 文档中复制一些文字，从 Microsoft Excel 中复制一些数据，从 Microsoft PowerPoint 中复制一个带项目符号的列表，从 Microsoft FrontPage 中复制一些文字，从 Microsoft Access 中复制一个数据表，再切换回 Word，把收集到的部分或全部内容粘贴到 Word 文档中。

Office 剪贴板可与标准的"复制"和"粘贴"选项配合使用。只需将一个项目复制到 Office 剪贴板中，然后在任何时候均可将其从 Office 剪贴板中粘贴到任何 Office 文档中。在退出 Office 之前，收集的项目都将保留在 Office 剪贴板中。

1.3.5 选择性粘贴的使用

在复制文本或者 Word 表格后，可以将其粘贴为指定的样式，这样就需要用到 Word 的选择性粘贴功能。

STEP 1 选择需要复制的内容，按 Ctrl+C 组合键进行复制。

STEP 2 选定需要粘贴的位置，在"开始"→"剪贴板"选项组单击"粘贴"下拉按钮，在下拉菜单中选择"选择性粘贴"命令。

STEP 3 打开"选择性粘贴"对话框，在"形式"列表框中选择一种适合的样式，如图 1-22 所示。

图 1-22　选择性粘贴

STEP 4 单击"确定"按钮，即可以指定样式粘贴复制的内容。

注意　　在图 1-22 中，选择"粘贴链接"单选项，即可创建粘贴内容与原内容之间的内在链接。

1.3.6　文本剪切与移动

通过移动可以快速将文本放到合适的位置，具体操作如下。

1. 移动文本位置

① 选择需要移动的文本后松开鼠标，按住鼠标左键，鼠标指针变成 形状，拖动鼠标光标至合适的位置再松开鼠标左键，完成文本移动。

② 拖动鼠标光标选择需要移动的文本块或段落，然后单击鼠标右键，在弹出的快捷菜单中选择"剪切"命令或者按 Ctrl+X 组合键，然后将光标定位在文档需要移动到的位置，单击鼠标右键，弹出"选择"选项，在"粘贴选项"下，单击"保留源格式"按钮 ，或按 Ctrl+V 组合键完成文本内容的移动。

2. 移动光标位置

移动光标位置的方法主要有以下两种。

① 改变鼠标位置移动光标。用鼠标把"I"光标移到特定位置，单击即可。

② 利用键盘按键移动光标。相应的操作如表 1-1 所示。

表 1-1　光标移动键的功能

按　键	插入点的移动
↑/↓，←/→	向上/下移一行，向左/右侧移动一个字符
Ctrl+向左键←/Ctrl+向右键→	左移一个单词/右移一个单词
Ctrl+向上键↑/Ctrl+向下键↓	上移一段/下移一段
Page Up/Page Down	上移一屏（滚动）/下移一屏（滚动）
Home/End	移至行首/移至行尾
Tab	右移一个单元格（在表格中）
Shift+Tab	左移一个单元格（在表格中）
Alt+Ctrl+Page Up/Alt+Ctrl+Page Down	移至窗口顶端/移至窗口结尾
Ctrl+Page Down/Ctrl+Page Up	移至下页顶端/移至上页顶端
Ctrl+Home/Ctrl+End	移至文档开头/移至文档结尾
Shift+F5	移至前一处修订；对于刚打开的文档，移至上一次关闭文档时插入点所在位置

1.3.7　文件内容的定位

在编辑长文档时，为了查找其中某一页的内容，利用鼠标滚动的方法很浪费时间，而利用如下技巧可以快速定位到某一页或定位到指定的对象，具体的操作方法如下。

STEP 1 打开长篇文档，单击"开始"→"编辑"选项组中的"替换"按钮，如图 1-23 所示。

STEP 2 打开"查找和替换"对话框，选择"定位"选项卡，在"定位目标"列表框中选中"页"选项，接着在"输入页号"文本框中输入查找的页码（如"8"），单击"定位"按钮确定，如图 1-24 所示。

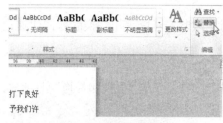

图 1-23　选择编辑选项

图 1-24　定位指定页

STEP 3 关闭"查找和替换"对话框，文档则自动定位到指定页。

1.3.8　文件内容的查找与替换

1. 文件内容的查找

在长篇文档内用户可以通过查找的方式快速找到需要的文本，无论是普通文本还是具有特殊条件的文本，都可以快速完成查找。下面具体介绍如何进行查找。

（1）普通查找

STEP 1 单击"开始"→"编辑"选项组中的"查找"按钮，在下拉菜单中选择"查找"命令。

STEP 2 在"导航"菜单栏里输入需要查找的文字，如"办法"，文档中的对应字符自动被标注出来，并显示文本中有几个匹配项，如图 1-25 所示。

图 1-25　搜索"办法"字样

（2）特殊文本的查找——数字

STEP 1 单击"开始"→"编辑"选项组的"查找"按钮，在下拉菜单中选择"高级查找"。

STEP 2 打开"查找和替换"对话框，单击"特殊格式"选项，打开下拉菜单，选择查找的格式，如"任意数字"，单击该选项，如图 1-26 所示。

STEP 3 在"查找内容"中，自动输入代表任意数字的通配符（^#）。在"搜索"选项中单击下拉按钮，选择"全部"选项。

STEP 4 在"查找"选项下，单击"阅读突出显示"选项，打开下拉菜单，选择"全部突出显示"，如图 1-27 所示。

STEP 5 文档中所有的数字均查找完毕并标注完成，用户可以快速浏览文本中所有的数字。

图 1-26　选择任意数字

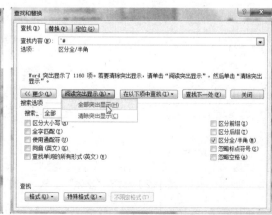

图 1-27　突出显示替换

2. 文件内容的替换

当用户需要对整篇文档中所有相同的部分文档进行更改时，可以采用替换的方法快速达到目的。下面具体介绍使用方法。

（1）普通替换

STEP 1 单击"开始"→"编辑"选项组中的"替换"按钮，打开"查找和替换"对话框，或者按 Ctrl+H 组合键打开该对话框。

STEP 2 在"替换"选项下的"查找内容"框中输入查找的字符，在"替换为"框中输入替换的内容，如查找"方法"字符，替换为"办法"，单击"替换"按钮，如图 1-28 所示，每单击一次则自动查找并替换一处。

图 1-28 替换文本内容

STEP 3 不断重复单击"替换"按钮，直至文档最后，完成文档内所有查找内容的替换操作。

（2）特殊条件的替换——字体替换

STEP 1 按 Ctrl+H 组合键打开"替换"对话框，单击"更多"按钮，打开隐藏的更多选项。

STEP 2 单击"查找内容"框定位光标，再单击"格式"按钮打开下拉菜单，选择"字体"选项，如图 1-29 所示。

STEP 3 打开"替换字体"对话框，在"字体"选项卡下，设置需要查找的字体样式，如"中文字体"为"宋体"，"字号"为"五号"，单击"确定"按钮，如图 1-30 所示。

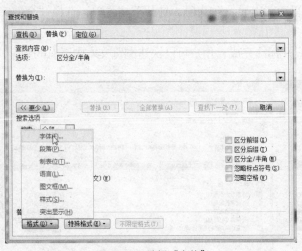

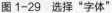

图 1-29 选择"字体"　　　　　　　　　图 1-30 替换前字体

STEP 4 将光标定位在"替换为"框中，再单击"格式"选项，打开下拉菜单，选择"字体"，打开"替换字体"对话框。在"字体"选项卡下，设置需要替换的字体样式，如"中文字体"为"楷体"，"字号"为"小四"，单击下方的"确定"按钮，如图 1-31 所示。

STEP 5 单击"全部替换"按钮，系统会自动完成对查找字体格式的全部替换，并弹出提示框，提示完成了几处替换，如图 1-32 所示。

图 1-31 替换后的字体

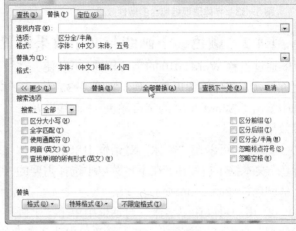

图 1-32 全部替换

1.3.9 课后加油站

1. 考试重点分析

考生必须掌握 Word 2010 文本的操作与编辑知识，包括输入文本、选择文本、复制与粘贴文本、剪切与移动文本、定位文本内容，以及查找与替换文本内容等知识。

2. 过关练习

练习 1：使用工具栏剪切选中的文字，再撤销已剪切的文字。

练习 2：在文档中输入"奥运加油"，再撤销已输入的文字。

练习 3：利用菜单将选中的段落复制到文档末尾。

练习 4：删除文档中的第 1 段和第 3 段。

练习 5：将插入点定位在第 30 行。

练习 6：在文档中查找出所有"礼仪"字符串。

练习 7：将第一处查找到的"介绍"替换为"简介"。

1.4 文本与段落格式设置

1.4.1 字体、字号和字形设置

设置字符的基本格式是 Word 对文档进行排版美化的最基本操作，其中包括对文字的字体、字号、字形、字体颜色、字体效果等字体属性的设置。

通过设置 Word 2010 的字体、字号及字形，可以快速为文档中的字体设置不同的字体格式。如图 1-33 所示，图中给出了字体选项组包含的属性。

用户可以在"字体"对话框中的"字体"选项卡中设置字体、字形及字号，如图 1-34 所示。

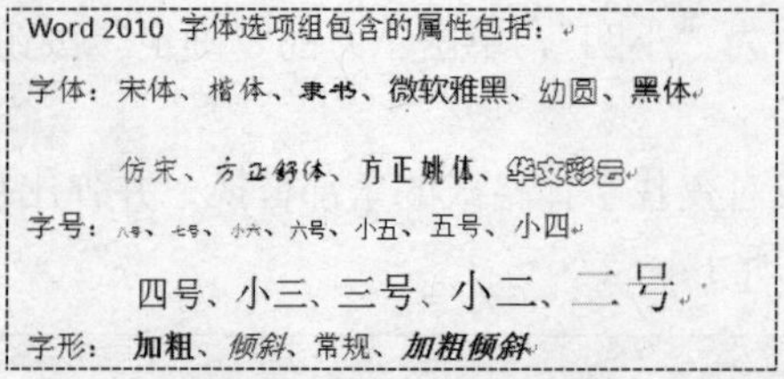

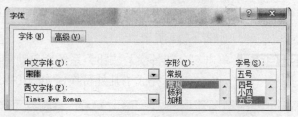

图 1-33　字体选项组包含的属性效果　　　　　　图 1-34　设置字体

1.4.2　颜色、下画线与文字效果设置

通过设置 Word 2010 的字符属性,可以使文档更加易读,整体结构更加美观。如图 1-35 所示,图中给出了 Word 2010 的字符颜色、下画线以及文字效果。

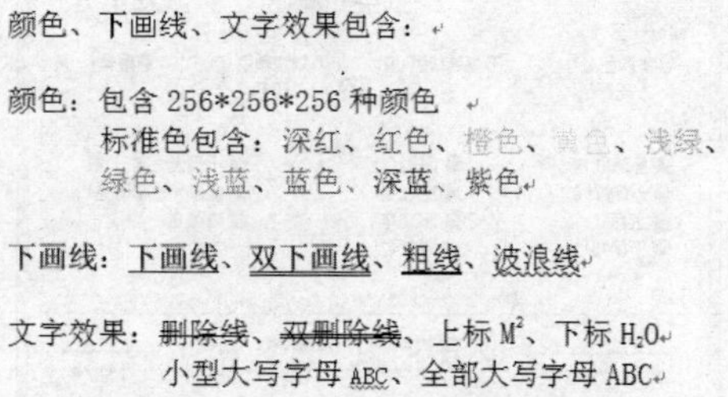

颜色、下画线、文字效果包含:

颜色: 包含 256*256*256 种颜色
　　　标准色包含: 深红、红色、橙色、黄色、浅绿、
　　　绿色、浅蓝、蓝色、深蓝、紫色、

下画线: 下画线、双下画线、粗线、波浪线、

文字效果: 删除线、双删除线、上标 M^2、下标 H_2O、
　　　　小型大写字母 ABC、全部大写字母 ABC、

① 用户可以在"字体"对话框中单击"字体颜色"文本框下拉按钮,在下拉菜单中选择需要的字体颜色,如图 1-36 所示。

图 1-35　字符属性的部分设置效果

② 用户可以在"字体"对话框中单击"下画线线型"文本框下拉按钮,在下拉菜单中选择需要的下画线样式,如图 1-37 所示。

图 1-36　选择颜色

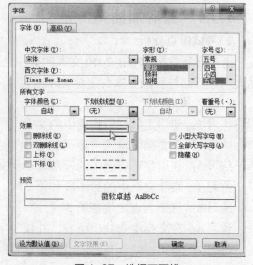

图 1-37　选择下画线

③ 用户可以在"字体"对话框中单击"效果"区域的选项设置文字效果,如"删除线""上标""下标""小型大写字母"等。

1.4.3　段落格式设置

文本的段落格式与许多因素有关,如页边距、缩进量、水平对齐方式、垂直对齐方式、行间距、段前和段后间距等,使用"段落"对话框可以方便地设置这些值。

1. 对齐方式

对齐方式分为水平对齐方式和垂直对齐方式。

（1）水平对齐方式

水平对齐方式决定段落边缘的外观和方向,即左对齐、右对齐、居中或两端对齐,如

图 1-38 所示。两端对齐是指调整文字的水平间距，使其均匀分布在左右页边距之间。两端对齐使两侧文字具有整齐的边缘。

（2）垂直对齐方式

垂直对齐方式决定段落相对于上、下页边距的位置。例如，当创建一个标题页时，可以很精确地在页面的顶端或中间放置文本，或者调整段落使之能够以均匀的间距向下排列。

2. 文本缩进

文本缩进指调整文本与页边距之间的距离。它决定段落到左或右页边距的距离，可以增加或减少一个段落或一组段落的缩进；还可以创建一个反向缩进（即凸出），使段落超出左边的页边距；还可以创建一个悬挂缩进，段落中的第一行文本不缩进，但是下面的行缩进。可以在"开始"→"段落"选项组单击"减少缩进量"按钮 和"增加缩进量"按钮 ，对文本进行缩进设置，如图 1-39 所示。

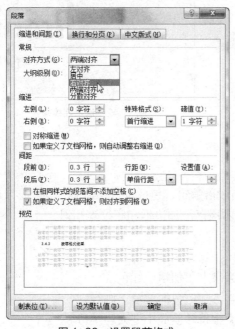

图 1-38　设置段落格式

图 1-39　设置缩进效果

1.4.4　段落间距设置

行距是指从一行文字的底部到下一行文字底部的间距，它决定段落中各行文本间的垂直距离，其大小可以改变。Word 也会自动调整行距以容纳该行中最大的字体和最高的图形。行距的默认值是单倍行距，意味着间距可容纳所在行的最大字体并附加少许额外间距。如果某行包含大字符、图形或公式，Word 将增加该行的行距。如果出现某些项目显示不完整的情况，可以为其增加行间距，使之完全表示出来。

段间距是指上一段落与下一段落间的间距，其大小也可以改变。用户可以在"段落"对话框中的"间距"区域设置段间距，还可以在"行距"下拉菜单中设置行间距，如图 1-40 所示。

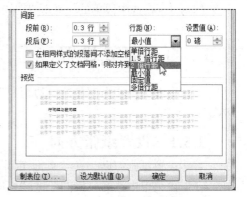

图 1-40　设置段间距、行间距

1.4.5　段落边框与底纹设置

用户可以为整段文字设置段落边框和底纹，以对整段文字进行美化设置。

STEP 1　在"开始"→"段落"选项组中单击"框线"下拉按钮，在下拉菜单中选择一种适合的边框线，即可为段落添加边框样式，如图 1-41 所示。

STEP 2　在"开始"→"段落"选项组中单击"底纹"下拉按钮，在下拉菜单中选择一种底纹颜色，即可为段落添加底纹颜色，如图 1-42 所示。

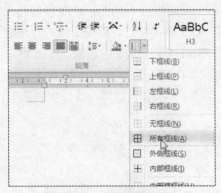
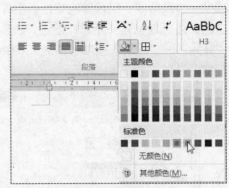

图 1-41　选择边框　　　　　　　　　图 1-42　选择底纹样式

1.4.6　课后加油站

1.考试重点分析

考生必须掌握 Word 2010 程序的文本与段落编辑，包括设置字体字号、字形及颜色、下画线、文字特效，设置文本对齐方式，为文本段落添加边框和底纹等知识。

2.过关练习

练习 1：利用工具栏设置标题格式为楷体、二号。

练习 2：利用工具栏将选中的文字设置为隶书、加粗、红色。

练习 3：利用"字体"对话框为选中文字添加橙色的波浪下画线。

练习 4：用"字体"对话框将选中的英文字符转换成小型大写字母。

练习 5：将选择的文本设置为空心文字效果。

练习 6：将选择的文字底纹设置为黄色底纹。

练习 7：将选中的段落设为悬挂缩进 3 字符。

练习 8：将选中段落的行距设为固定值 14 磅。

1.5　页面版式设置

设置页面的主要内容包括页边距、选择页面的方向（"纵向"或"横向"）、选择纸张的大小等。

1.5.1　设置纸张方向

若想设置纸张方向，在"页面布局"→"页面设置"选项组中单击"纸张方向"下拉按钮，在下拉菜单中选择"横向"或"纵向"纸张方向即可，如图 1-43 所示。

图 1-43　横向纸张

1.5.2　设置纸张大小

Word 2010 中包含了不同的纸张样式，用户可以根据实际需要，设置文档的纸张大小。

STEP 1　在"页面布局"→"页面设置"选项组中单击 ⁵ 按钮。

STEP 2　打开"页面设置"对话框，单击"纸张"选项卡，接着单击"纸张大小"文本框下拉按钮，在下拉菜单中选择适合的纸张，如"32 开"，如图 1-44 所示。

STEP 3　单击"确定"按钮，即可将文档的纸张更改为 32 开样式。

图 1-44　选择 32 开纸张

1.5.3　设置页边距

页边距是页面四周的空白区域（用上、下、左、右的距离指定），如图 1-45 所示。通常，可在页边距内部的可打印区域中插入文字和图形，也可以将某些项目放置在页边距区域中，如页眉、页脚、页码等。

Word 提供了下列页边距选项，可以做以下更改。

STEP 1　使用默认的页边距或自定义页边距。

STEP 2　添加用于装订的边距。使用装订线边距可在要装订的文档两侧或顶部的页边距添加额外的空间，以保证不会因装订而遮住文字。

STEP 3　设置对称页面的页边距。使用对称页边距可设置双面文档的对称页面，如书籍或杂志。在这种情况下，左侧页面的页边距是右侧页面页边距的镜像（即内侧页边距等宽，外侧页边距等宽）。

图 1-45　设置页边距

STEP 4　添加书籍折页。打开"页面设置"对话框，在"页码"区域单击"普通"下拉按钮，在其下拉列表中选择"书籍折页"选项，可以创建菜单、请柬、事件程序或任何其他类型使用单独居中折页的文档。

STEP 5　如果将文档设置为小册子，可用与编辑任何文档相同的方式在其中插入文字、图形和其他可视元素。

1.5.4 设置分页与分栏

1. 分页与分节

当文字填满整页时，Word 会自动按照用户所设置页面的大小进行分页，以美化文档的视觉效果。不过系统自动分页的结果并不一定就能符合用户的要求，此时需要使用强制分页和分节功能。用户可以在"页面设置"选项组单击"分隔符"下拉按钮，在下拉菜单中选择对应的分页与分节效果，如图 1-46 所示。

关于分页与分节符功能可以参考表 1-2 所示。

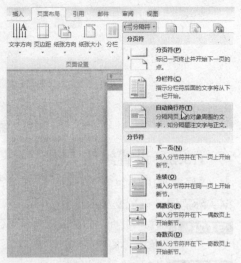

图 1-46　分页与分节符

表 1-2　分页与分节符功能

名　　称	功　　能
分页符	执行"分页符"命令后，标记一页终止并开始下一页
分栏符	执行"分栏符"命令后，光标后面的文字将从下一栏开始
自动换行符	分隔网页上的对象周围的文字，如分隔题注文字与正文
下一页	分节符后的文本从新的一页开始
连续	新页中内容与其前面一节同处于当前页
偶数页	新页中的文本显示或打印在下一个偶数页上，如果该分节符已经在一个偶数页上，则其下面的奇数页为一空页
奇数页	新页中的文本显示或打印在下一个奇数页上，如果该分节符已经在一个奇数页上，则其下面的偶数页为一空页

2. 分栏

新生成的 Word 空白文档的默认分栏格式是一栏，但可以进行复杂的分栏排版，如在同一页中进行多种分栏形式，如图 1-47 所示。

3. 创建新闻稿样式分栏

创建新闻稿样式分栏的操作步骤如下。

STEP 1 切换到"页面布局"选项卡。

STEP 2 选择要在栏内设置格式的文本，可以是整篇文档或部分文档。

STEP 3 在"页面设置"选项组，单击"分栏"下拉按钮，在其下拉列表中选择"更多分栏"命令，打开"分栏"对话框。

STEP 4 选择有关分栏的选择项即可。例如，在"预设"部分指定两栏、三栏、偏左、偏右或在"栏数"框中指定栏数；在"宽度"和"间距"部分指定各栏的宽度、间距或选择"栏宽相等"复选框，指定在分栏间添加垂直线，指定分栏的应用范围，如本节或插入点之后，如图 1-48 所示。

STEP 5 单击"确定"按钮即可。

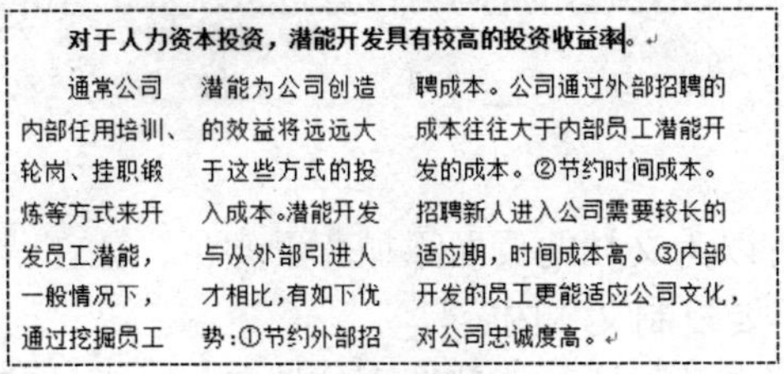

对于人力资本投资，潜能开发具有较高的投资收益率。
通常公司内部任用培训、轮岗、挂职锻炼等方式来开发员工潜能，一般情况下，通过挖掘员工潜能为公司创造的效益将远远大于这些方式的投入成本。潜能开发与从外部引进人才相比，有如下优势：①节约外部招聘成本。公司通过外部招聘的成本往往大于内部员工潜能开发的成本。②节约时间成本。招聘新人进入公司需要较长的适应期，时间成本高。③内部开发的员工更能适应公司文化，对公司忠诚度高。

图 1-47　分栏样式

分栏
预设
一栏(O)
两栏(W)
三栏(T)
左(L)
右(R)
栏数(N):
分隔线(B)
宽度和间距
预览
栏(C):
宽度(I):
间距(S):
1:
41.58 字符
栏宽相等(E)
应用于(A):
整篇文档
开始新栏(U)
确定
取消

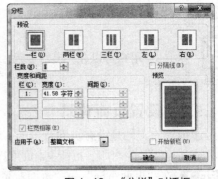

图 1-48　“分栏”对话框

1.5.5　插入页眉页脚

页眉和页脚是文档中每个页面页边距的顶部和底部区域。

可以在页眉和页脚中插入文本或图形，如页码、章节标题、日期、公司徽标、文档标题、文件名或作者名等，这些信息通常打印在文档中每页的顶部或底部。通过单击“视图”菜单中的“页眉和页脚”，可以在页眉和页脚区域中进行操作。

1. 创建每页都相同的页眉和页脚

① 在“插入”→“页眉页脚”选项组中单击“页眉”或“页脚”下拉按钮，选择一种样式，以激活“页眉页脚”区域。

② 若要创建页眉，请在页眉区域中输入文本和图形。

③ 若要创建页脚，在“导航”选项组单击“转至页脚”按钮，移动到页脚区域，然后输入文本或图形。

④ 可以在“字体”选项组设置文本的格式。

⑤ 结束后，在“页眉和页脚”→“设计”→“关闭”选项组中单击“关闭页眉和页脚”按钮。

2. 为奇偶页创建不同的页眉或页脚

① 在“插入”→“页眉页脚”选项组中单击“页眉”下拉按钮，在下拉菜单中选择一种页眉样式。

② 在“页眉和页脚”→“选项”选项组中选中“奇偶页不同”复选框。

③ 如果必要，单击“导航”选项组中的“上一节”或“下一节”以移动到奇数页或偶数页的页眉或页脚区域。

④ 在“奇数页页眉”或“奇数页页脚”区域为奇数页创建页眉和页脚；在“偶数页页眉”或“偶数页页脚”区域为偶数页创建页眉和页脚。

1.5.6　插入页码

在为文档插入页眉页脚的同时还可以为文档插入页码，插入页码的好处是可以清楚地看到文档的页数，也可以在打印时方便对打印文档的整理。

STEP 1 在“插入”→“页眉和页脚”选项组中单击“页码”下拉按钮，在下拉菜单中选择“设置页码格式”命令。

STEP 2 打开“页码格式”对话框，单击“编号格式”文本框右侧的下拉按钮，在下拉菜单中选择一种页码格式，如图 1-49 所示。

页码格式
编号格式(F):
- 1 -, - 2 -, - 3 -, ...
包含章节号(N)
章节起始样式(P)
标题 1
使用分隔符(E):
- (连字符)
示例:
1-1, 1-A
页码编号
续前节(C)
起始页码(A):
- 1 -
确定
取消

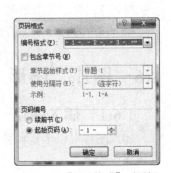

图 1-49　“页码格式”对话框

STEP 3 单击"确定"按钮，返回文档中即可为文档插入页码。

注意 用户可以在"起始页码"文本框中设置起始页码为任意页数，如 5、10 等。

1.5.7 设置页面背景

普通创建的文档是没有页面背景的，用户可以为文档的页面添加背景颜色，如在背景上添加"请勿复制"的水印，提醒文档的阅览者不要复制文档内容。

STEP 1 在"页面布局"→"页面背景"选项组中单击"水印"下拉按钮，在下拉菜单中选择"水印"命令。

STEP 2 打开"水印"对话框，选中"文字水印"单选按钮，接着单击"文字"右侧文本框下拉按钮，在下拉菜单中选择"请勿复制"命令。

STEP 3 单击"颜色"文本框右侧下拉按钮，在下拉菜单中选择需要设置的颜色，如"紫色"，如图 1-50 所示。

STEP 4 单击"确定"按钮，系统即可为文档添加自定义的水印效果。

图 1-50 设置水印

1.5.8 课后加油站

1. 考试重点分析

考生必须掌握 Word 2010 文档的版式设置知识，包括设置纸张方向、更改纸张大小、调整页边距、为文档分栏、插入页眉页脚、为文档添加水印等知识。

2. 过关练习

练习 1：设置当前文档的纸张大小为 B5，方向为横向。

练习 2：设置自定义纸张大小为宽度 15 厘米，高度 22 厘米。

练习 3：将当前选择的自然段设为两栏排版，第一栏宽度为 10 个字符，第二栏宽度为 20 个字符。

练习 4：在文档页脚插入页码。

练习 5：将文档的左右边距设置为 2 厘米。

练习 6：将文档所使用的纸张大小设置为"32 开"。

练习 7：将左页边距加大 1 厘米，并在左侧设置 1 厘米宽的装订线。

练习 8：为文档添加"计算机"文字水印，并在打印预览中查看水印效果。

1.6 图片、图形

1.6.1 插入图片

加入图片可以丰富和美化文档内容，用户可以将保存在计算机中的图片插入到文档中，具体操作如下。

STEP 1 在"插入"→"插图"选项组单击"图片"按钮。

STEP 2 打开"插入图片"对话框，找到需要插入图片所保存的路径，并选中插入的图片。

STEP 3 单击"插入"按钮，即可在文档中插入选中的图片。

1.6.2 图片编辑与美化

对插入到文档中的图片，用户可以对其进行美化设置，如为图片设置效果、设置图片与文字的排列方式等。

1. 为图片设置效果

STEP 1 选中图片，在"图片工具"→"格式"→"图片样式"选项组中单击"图片效果"下拉按钮，在下拉菜单中选择"棱台（B）"→"凸起"命令，即可设置图片的棱台效果，如图 1-51 所示。

图 1-51　设置棱台效果

STEP 2 选中图片，在"图片工具"→"格式"→"图片样式"选项组中单击"图片效果"下拉按钮，在下拉菜单中选择"发光（G）"命令，在弹出的列表中选择合适的发光变体，即可设置图片的发光效果，如图 1-52 所示。

图 1-52　设置发光效果

2. 设置图片与文字的混排

STEP 1 选择图片，在"图片工具"→"格式"→"排列"选项组中单击"自动换行"下拉按钮，在下拉菜单中选择"紧密型环绕（T）"命令。

STEP 2 所选择的图片在设置后实现了文字和图片的环绕显示，用鼠标移动或按键盘上的方向键即可移动图片到合适位置，设置后的效果如图 1-53 所示。

图 1-53　最终效果

1.6.3　插入图形

在 Word 2010 中用户还可以在文档中插入图形，图形分为"线条""基本形状""箭头总汇""流程图""标注""星与旗帜"几大类型，用户可以根据文本需要，插入相应的图形。

STEP 1 在"插入"→"插图"选项组中单击"形状"下拉按钮，在下拉菜单中选择合适的图形插入，如选择"基本形状"下的"心形"，如图 1-54 所示。

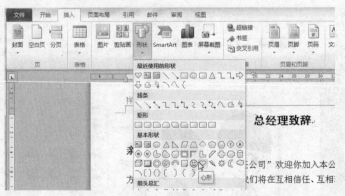

图 1-54　选择图形

STEP 2 拖动鼠标光标画出合适的图形大小，完成图形的插入，如图 1-55 所示，将光标放置到图形的控制点上，可以改变图形的大小。

图 1-55　插入图形样式

1.6.4　课后加油站

1. 考试重点分析

考生必须掌握在 Word 2010 中插入图片、图形的技巧，包括插入图片、编辑图片、插入图形、绘制图形、插入组织结构图等知识。

2. 过关练习

练习 1：在当前文档中插入桌面上的"动物.jpg"图形。

练习 2：将图形的高度设为 60%，宽度设为 80%。

练习 3：在当前文档中插入一个自选图形"爆炸型 2"，并加上文字"大新闻"。

练习 4：选择并将笑脸图形向左旋转 90 度。

练习 5：在当前位置插入一个组织结构图。

1.7　表格处理

1.7.1　创建表格

表格由按行和列排列的单元格组成。表格通常用来组织和显示信息；用于快速引用和分析数据；还可对表格进行排序及公式计算；使用表格可以创建有趣的页面版式，或创建 Web 页中的文本、图片和嵌套表格。

Word 提供了如下几种创建表格的方法。

1. 自动插入表格

STEP 1 单击要创建表格的位置，在"插入"→"表格"选项组中单击"表格"下拉按钮，调出一个 5×4 的网格，如图 1-56 所示。

STEP 2 拖动鼠标光标，选定所需的行数、列数。

2. 使用"插入表格"

使用该方法可以在将表格插入到文档之前选择表格的大小和格式。

STEP 1 单击要创建表格的位置，在"插入"→"表格"选项组单击"表格"下拉按钮，选择"插入表格"命令，打开"插入表格"对话框。

STEP 2 在"表格尺寸"栏，选择所需的行数和列数，如图 1-57 所示。

STEP 3 在"'自动调整'操作"栏，调整表格大小。

STEP 4 若要使用内置的表格格式，单击"快速表格"，选择所需选项即可。

3. 设置表格属性

通过"表格属性"对话框，可以方便地改变表格的各种属性，主要包括对齐方式，文字环绕，边框和底纹，默认单元格边距，默认单元格间距，自动调整大小适应内容、行、列、单元格。下面以表 1-3 所示的学生成绩表为例介绍如何设置表格的各种属性。

图 1-56　插入表格

图 1-57　指定行、列数

表 1-3　学生成绩表

学号	姓名	性别	数学	英语	语文	化学	物理	总分	平均分
121232	李思飞	男	75	85	85	88	95	343	85.6
121231	汪婉清	女	95	68	80	85	90	350	83.6
121233	张蕊	女	96	69	98	86	96	376	89

STEP 1　单击需要设置属性的表格。在"表格工具"→"布局"→"表"选项组中单击"表格属性"按钮，打开"表格属性"对话框，如图 1-58 所示。

STEP 2　设置"表居中，无文字环绕"。单击"文字环绕"栏下的"无"图文框，再单击"对齐方式"栏下的"居中"图文框即可。

STEP 3　设置表格的默认单元格边距。在"表格工具"→"布局"→"对齐方式"选项组中单击"单元格边距"按钮，打开"表格选项"对话框，如图 1-59 所示。在"默认单元格边距"栏中输入所需要的数值：上、下边距为 0 厘米，左、右边距为 0.19 厘米。

图 1-58　"表格属性"对话框

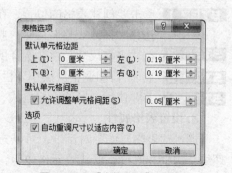

图 1-59　"表格选项"对话框

STEP 4 设置表格的默认单元格间距（单元格之间的距离）为 0.05 厘米。在"表格选项"对话框中，选中"允许调整单元格间距"，在右边的框中输入所需要的数值"0.05"。

STEP 5 设置表格是否自动调整尺寸。在"表格选项"对话框中，选中"自动重调尺寸以适应内容"复选框即可。如果不需要列根据输入的文字自动调整大小，取消选中此复选框即可。

STEP 6 设置在各页顶端重复表格标题。当表格大到一页显示不完时，它一定会在分页符处被分割。当表格有多页时，可以调整表格以确认信息按所需方式显示。但只能在页面视图或打印出的文档中看到重复的表格标题。操作步骤如下所述。

● 选择一行或多行标题行，选定内容必须包括表格的第一行。

● 在"表格工具"→"布局"→"对齐方式"选项组中单击"重复标题行"按钮。

注意　　　Word 能够依据分页符自动在新的一页上重复表格标题，如果在表格中插入了手动分页符，则 Word 无法重复表格标题。

1.7.2　表格的基本操作

1.行、列操作

STEP 1 选定与要插入的单元格数量相同的行或列。

STEP 2 在右键菜单中单击"插入"命令，选择"在左侧插入列"或"在右侧插入列"命令，即可在左侧或右侧插入一列；选择"在上方插入行"或"在下方插入行"命令，即可在上方或下方插入行，如图 1-60 所示。选择"单元格"命令，会弹出"插入单元格"对话框，选择要插入的位置，如图 1-61 所示。

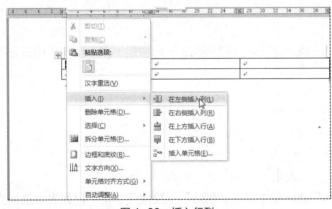
图 1-60　插入行列

图 1-61　插入单元格

2.单元格合并与拆分

（1）合并单元格

可以将同一行或同一列中的两个或多个单元格合并为一个单元格。例如，可以横向合并单元格以创建横跨多列的表格标题。

STEP 1 选择要合并的多个单元格。

STEP 2 在"布局"→"合并"选项组中单击"合并单元格"按钮，或单击"表格和边框"工具栏上的"合并单元格"按钮。

注意　　　　　如果要将同一列中的若干单元格合并成纵跨若干行的纵向表格标题，可单击"表格和边框"工具栏上的"更改文字方向"来更改标题文字的方向。

（2）拆成多个单元格

STEP 1 在单元格中单击，或选择要拆分的单元格。

STEP 2 在"布局"→"拆分"选项组中单击"拆分单元格"按钮，或单击"表格和边框"工具栏上的"拆分单元格"按钮。

STEP 3 选择要将选定的单元格拆分成的列数或行数。

（3）拆分表格

方法一：

STEP 1 要将一个表格分成两个表格，单击要成为第 2 个表格首行的行；

STEP 2 单击"表格"菜单中的"拆分表格"按钮。

方法二：

选择要成为第 2 个表格行的行（或行中的部分连续单元格，不连续选择仅对选择区域的最后一行有效），然后按 Shift+Alt+↓ 组合键，即可按要求拆分表格。

注意　　　　　用第 2 种方法拆分表格更加自由、方便，特别是把表格中间的某几个连续的行拆分出来作为一个独立的表格，或把表格中间的某些行拆分出来作为一个独立的表格。

3. 删除表格或清除其内容

可以删除整个表格，也可以清除单元格中的内容，而不删除单元格本身。

（1）删除表格及其内容

STEP 1 单击表格。

STEP 2 在"布局"→"行和列"选项组中单击"删除"下拉按钮，在下拉菜单中选择"表格"命令。

（2）删除表格内容

STEP 1 选择要删除的项。

STEP 2 按 Delete 键。

（3）删除表格中的单元格、行或列

STEP 1 选择要删除的单元格、行或列。

STEP 2 在"布局"→"行和列"选项组中单击"删除"下拉按钮，在下拉列表中选择"单元格""行"或"列"命令。

4. 移动或复制表格内容

STEP 1 选定要移动或复制的单元格、行或列。

STEP 2 请执行下列操作之一。

● 要移动选定内容，请将选定内容拖动至新位置。

● 要复制选定内容，请在按住 Ctrl 键的同时将选定内容拖动至新位置。

移动表格行的最简单方法：选定要移动的行中的任意一个单元格，按 Shift+Alt 组合键，然后按上下方向键，按↑键可使选择的行在表格内向上移动，按↓键可使选定的行向下移动。

用这种方法也可以非常方便地合并两个表格。

1.7.3 设置表格格式

1. 表格外观格式化

表格外观格式化有很多形式，如为表格添加边框和底纹，以及套用表格样式等。

（1）为表格添加边框

在"设计"→"表格样式"选项组中单击"边框"下拉按钮，执行"边框和底纹"命令，在弹出的"边框和底纹"对话框中进行设置。也可以在"边框"下拉按钮中选择一种边框样式，对边框进行设置，如图 1-62 所示。

（2）为表格添加底纹

选择要添加底纹的区域，单击"表格样式"选项组中的"底纹"下拉按钮，在其下拉列表中选择一种色块，如"橙色"色块。也可以在"边框和底纹"对话框中单击"底纹"选项卡，在"填充颜色"下拉列表中选择一种色块。

（3）套用表格样式

Word 2010 为用户提供了多种表格样式，单击"设计"→"表格样式"选项组中的"其他"下拉按钮，在"内置"区域选择一种表格样式，即可套用表格样式，如图 1-63 所示。

图 1-62　设置边框

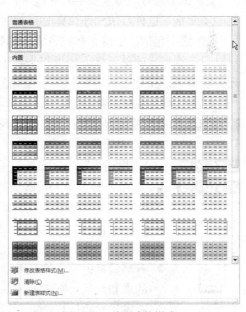

图 1-63　套用表格样式

2. 表格内容格式化

对表格内容进行格式化，除了设置表格的对齐方式、文字方向等，还可以对表格进行转换。将文本转换成表格时，要使用逗号、制表符或其他分隔符标记新的列开始的位置。

STEP 1 在要划分列的位置插入所需的分隔符。例如，在一行有两个字的列表中，在第一个字后插入逗号或制表符，从而创建一个两列的表格。

STEP 2 选择要转换的文本，在"表格工具"→"布局"→"数据"选项组中单击"文本转换成表格"按钮。

STEP 3 在"文字分隔位置"下，单击所需的分隔符按钮。

将表格转换成文本的操作步骤与此类似，只是在 STEP 2 中选择"将表格转换为文本"即可。

1.7.4 表格的高级应用

1.表格计算

在表格中执行计算时，可用 A1、A2、B1、B2 的形式引用表格单元格，其中字母表示"列"，数字表示"行"。与 Excel 不同，Word 对"单元格"的引用始终是绝对引用，并且不显示美元符号。例如，在 Word 中引用 A1 单元格与在 Excel 中引用$A$1 单元格相同。

（1）引用单独的单元格

在公式中引用单元格时，用逗号分隔单个单元格，而选定区域的首尾单元格之间用冒号分隔，计算单元格的平均值。

（2）引用整行或整列

可用以下方法在公式中引用整行和整列。

① 使用只有字母或数字的区域进行表示，如 1:1 表示表格的第一行。如果以后要添加其他的单元格，这种方法允许计算时自动包括一行中的所有单元格。

② 使用包括特定单元格的区域。例如，A1:A3 表示只引用一列中的三行。使用这种方法可以只计算特定的单元格。如果将来要添加单元格而且要将这些单元格包含在计算公式中，则需要编辑计算公式。

（3）计算行或列中数值的总和

STEP 1 单击要放置求和结果的单元格。如"表 1–3 学生成绩表"第一行的"总分"列下第一个单元格。

STEP 2 在"表格工具"→"布局"→"数据"选项组单击"公式"按钮。

STEP 3 选定的单元格位于一行数值的右端，Word 将建议采用公式"=SUM (LEFT)"进行计算，单击"确定"按钮即可。如果选定的单元格位于一列数值的底端，Word 将建议采用公式"=SUM (ABOVE)"进行计算，单击"确定"按钮。

- 若单元格中显示的是大括号和代码（例如，{=SUM (LEFT)}）而不是实际的求和结果，则表明 Word 正在显示域代码。按 Shift+F9 组合键，即可显示域代码的计算结果。

- 若该行或列中含有空单元格，Word 不会对这一整行或整列进行累加。此时需要在每个空单元格中输入零值。

（4）在表格中进行其他计算

例如，计算"表 1–3 学生成绩表"第一行的平均分。

STEP 1 单击要放置计算结果的单元格。

STEP 2 在"表格工具"→"布局"→"数据"选项组中单击"公式"按钮。

STEP 3 若 Word 建议的公式非所需，请将其从"公式"框中删除。注意不要删除等号，如果删除了等号，请重新插入。

STEP 4 在"粘贴函数"框中，单击所需的公式。例如，求平均值，单击"AVERAGE"。

STEP 5 在公式的括号中输入单元格引用，可引用单元格的内容。如需要计算单元格 D2 至 H2 中数值的平均值，应建立这样的公式："=AVERAGE(D2:H2)"。

2. 表格的排序

可以将列表或表格中的文本、数字或数据按升序或降序进行排序。在表格中对文本进行排序时，可以选择对表格中单独的列或整个表格进行排序，也可在单独的表格列中用多于一个的单词或域进行排序。

对"表1-3 学生成绩统计表"按"平均分""物理""语文"进行升序排列，操作步骤如下。

STEP 1 选定要排序的列表或表格。

STEP 2 在"表格工具"→"布局"→"数据"选项组中单击"排序"按钮。

STEP 3 打开"排序"对话框，选择所需的排序选项。如果需要关于某个选项的帮助，请单击问号，然后单击该选项。排序设置如图 1-64 所示。

图 1-64　排序选择项

STEP 4 完成设置后，单击"确定"按钮，即可进行排序。

1.7.5　课后加油站

1. 考试重点分析

考生必须掌握 Word 2010 表格应用技巧，包括表格的插入，拆分、合并单元格，插入行列，删除表格内容，套用表格样式，表格排序及表格计算等知识。

2. 过关练习

练习1：为表格自动套用样式为"中等深浅底纹1，强调文字颜色5"。

练习2：在当前表格的第一列后面插入一列。

练习3：将第1行第1个单元格拆分成2行2列。

练习4：删除当前表格中的内容，但并不删除表格本身。

练习5：让表格根据内容自动调整。

练习6：在当前表格中用公式计算第一人的成绩总分。

1.8　Word 高级操作

1.8.1　样式与格式

1. 样式

（1）显示所有样式

先用鼠标光标选中文字，然后单击"开始"→"样式"选项组的"样式"下拉按钮，在下拉菜单中可以显示 Word 内置的所有样式。如果要把文字格式转化成两种主要的标题样式"标题 1""标题 2"，也可以直接使用键盘快捷方式，它们分别是 Ctrl+Alt+1、Ctrl+Alt+2。

（2）去掉文本的一切修饰

假如用 Word 编辑了一段文本，并进行了多种字符排版格式，有宋体、楷体，有上标、下标等。如果对这段文本中字符排版格式不太满意，可以选中这段文本，然后按 Ctrl+Shift+Z 组合键就可以去掉选中文本的一切修饰，以默认的字体和大小显示文本。

2. 格式

在文档中为文本设置格式后，如果想要继续在其他文档中使用相同的格式，可以将其保存到"样式"集中。

操作步骤如下。

STEP 1 选中设置好格式的文字，在"开始"→"样式"选项组中单击 ▼ 按钮，在下拉菜单中选择"将所选内容保存为新快速样式"命令，如图 1-65 所示。

STEP 2 打开"根据格式设置创建新样式"对话框，在"名称"文本框中输入名称"艺术字"，如图 1-66 所示。

STEP 3 单击"确定"按钮，即可将选中的格式保存为新的样式。

STEP 4 如果想要清除文档中的格式，可以在"样式"下拉菜单中选择"清除格式"命令。

图 1-65　保存格式

图 1-66　设置保存名称

1.8.2　拼写和语法检查

完成对文档的编写后，逐字逐句地检查文档内容会显得费力、费时，此时可以使用 Word 中的"拼写和语法"功能对文档内容进行检查。

在"审阅"→"校对"选项组单击"拼写和语法"按钮，打开"拼写和语法"对话框，对话框的"易错词"文本框中会显示出系统认为错误的词，并在"建议"文本框中显示建议的词，对错误的词汇进行更改，对正确的词汇可以直接跳过，如图 1-67 所示。

图 1-67　语法和拼写检查

1.8.3　文档审阅

为了便于联机审阅，Word 允许在文档中快速创建及查看修订和批注。为了保留文档的版式，Word 在文档的文本中显示了一些标记元素，而其他元素则显示在右侧边距的批注框中，如图 1-68 所示。

潜能开发的目标是"人岗匹配"，通过岗位匹配达到开发潜能的最佳效果。分析"人岗匹配"一般要考虑三个方面的因素：

（1）当员工能力与岗位不匹配时，公司应该通过培训等手段激发员工潜能，提高员工能力，以满足岗位要求。

（2）当员工能力与岗位匹配时，①通过培训等手段激发员工潜能，提高员工适应性，满足本岗位不断提高的要求；②通过轮岗等方式进一步激发员工潜能，使员工的能力得到更全面的提升。

（3）当员工能力超出岗位要求时，公司应该通过轮岗、岗位拓展或岗位晋升等方式，激发员工潜能，使员工发挥更大的作用。

批注 [W1]: 字体加粗

批注 [W2]: 冒号，以下同样

批注 [W3]: 与小标题要有空格

图 1-68　插入批注

修订用于显示文档中所做的诸如删除、插入或其他编辑的位置的标记。启用修订功能时，作者或其他审阅者的每一次插入、删除或是更改格式都会被标记出来。作者查看修订时，可以接受或拒绝每处更改。打开或关闭"修订"模式，在"审阅"→"修订"选项组中单击"修订"按钮，打开"修订"模式；再次单击"修订"按钮或使用快捷键 Ctrl+Shift+E，关闭"修订"模式。

批注是作者或审阅者为文档添加的注释。批注显示在 Word 文档的页边距或"审阅窗格"中的气球上。当查看批注时，可以删除或对其进行响应。

插入批注的操作步骤如下。

STEP 1 选择要设置批注的文本或内容，或单击文本的尾部。

STEP 2 在"审阅"→"批注"选项组中单击"新建批注"按钮，即可插入批注框。

STEP 3 在批注框中输入批注文字即可。

1.8.4　自动生成目录

目录是文档中标题的列表。用户可以通过目录来浏览文档中讨论了哪些主题。如果为 Web 创建了一篇文档，可将目录置于 Web 框架中，这样就可以方便地浏览全文了。可使用 Word 中的内置标题样式和大纲级别格式来创建目录。

编制目录最简单的方法是使用内置的大纲级别格式或标题样式。如果已经使用了大纲级别或内置标题样式，请按下列步骤操作。

STEP 1 单击要插入目录的位置，在"引用"→"目录"选项组中单击"目录"下拉按钮，在下拉菜单中选择"插入目录"命令。

STEP 2 根据需要，选择与目录有关的选项，如格式、级别等。

1.8.5　插入特定信息域

在 Word 文档中，还可以插入特定信息的域，如日期域。

STEP 1 在"插入"→"文本"选项组中单击"文档部件"下拉按钮，在其下拉列表中选择"域"命令，打开"域"对话框。

STEP 2 在对话框的"类别"文本框下拉列表中选择"日期和时间"选项，接着在"域名"列表框中选中"CreateDate"选项，激活"域属性"区，然后在"域属性"区下的日期列表框中选中"May 2，2013"选项，如图 1-69 所示。

STEP 3 设置完成后，单击"确定"按钮，将设置的日期域插入到指定位置。

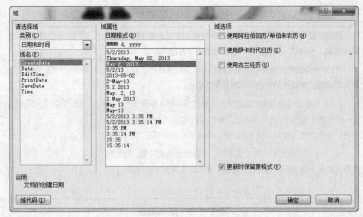

图 1-69　插入时间域

1.8.6　邮件合并

1. 邮件合并综述

在实际编辑文档中，经常会遇到这种情况，即多个文档的大部分内容是固定不变的，只有少部分内容是变化的，例如，会议通知中，只有被邀请人的单位和姓名是变的，其他内容是完全相同的；会议通知的信封发出单位是固定不变的，收信人单位、邮政编码和收信人的姓名是变的，如图 1-70 所示。对于这类文档，如果逐份编辑，显然是费时费力，且易出错。Word 为解决这类问题提供了邮件合并功能，使用该功能可以方便地解决这类问题。

图 1-70　通知示例

使用邮件合并功能解决上述问题需要两个文件。

- 主控文档：它包含两部分内容，一部分是固定不变的，另一部分是可变的，用"域名"表示，如图 1-71 所示。
- 数据文件：它用于存放可变数据，如会议通知的单位和姓名。数据文件可以用 Excel 编写，如图 1-72 所示，也可以用 Word 编写。这些可变数据也可以存入数据库中，如存入 Access 中。

图 1-71　主控文档

姓名	分公司	邮箱	职称
方方	巢湖分公司	fangfang@126.com	经理
于飞	蚌埠分公司	yf@126.com	经理
张晓磊	芜湖分公司	XL@163.com	经理
王明芳	安庆分公司	WANGMF@sina.com	经理
李明	黄山分公司	MM@126.com	经理

图 1-72　数据文件

使用邮件合并功能有两种方式，一种是手工方式，另一种是使用 Word 提供的"邮件合并向导"。

使用"邮件合并向导"可创建套用信函、邮件标签、信封、目录以及大量电子邮件和传真。若要完成基本步骤，请执行下列操作。

STEP 1 打开或创建主文档后，再打开或创建包含单独收件人信息的数据源。

STEP 2 在主文档中添加或自定义合并域。

STEP 3 将数据源中的数据与主控文档合并，创建新的、经合并的文档。

2. 邮件合并手工操作

使用邮件合并功能的手工操作一般过程如下。

- 制作数据文件。
- 创建主控文档。
- 在主文档中添加或自定义合并域。
- 将数据源中的数据与主控文档合并，创建新的、已经合并的文档。

具体操作步骤如下。

STEP 1 制作数据文件。存入如图 1-72 所示的数据，将文件命名为"会议通知 Word 数据.doc"。

STEP 2 创建主控文档。

- 打开 Word 文档，利用创建的通知模板新建一个会议通知。
- 对文本进行格式化设置。

STEP 3 启用"信函"功能及导入收件人信息。

- 打开通知，在"邮件"→"开始邮件合并"选项组中单击"开始邮件合并"下拉按钮，在其下拉列表中选择"信函"命令。
- 接着在"开始邮件合并"选项组中单击"选择收件人"下拉按钮，在其下拉列表中选择"使用现有列表"命令。
- 打开"选择数据源"对话框，在对话框的"查找范围"中选中要插入的收件人的数据源。
- 单击"打开"按钮，打开"选择表格"对话框，在对话框中选择要导入的工作表。
- 单击"确定"按钮，返回文档中，可以看到之前不能使用的"编辑收件人列表""地址块""问候语"等按钮被激活，如果要编辑导入的数据源，可以单击"编辑收件人列表"按钮，打开"邮件合并收件人"对话框。
- 在"邮件合并收件人"对话框中，可以重新编辑收件人的资料信息，设置完成后，单击"确定"按钮。

STEP 4 插入可变域。

- 在文档中将光标定位到文档头部，切换到"邮件"选项卡，在"编写和插入域"选项组中单击"插入合并域"下拉按钮。
- 在其下拉列表中选择"单位"域，即可在光标所在位置插入公司名称域。

STEP 5 批量生成通知。

- 切换到"邮件"选项卡，在"完成"选项组中单击"完成并合并"下拉按钮。
- 在其下拉列表中选择"编辑单个文档"命令。
- 打开"合并到新文档"对话框，如果要合并全部记录，则选中"全部"单选项；如果要合并当前记录，则选中"当前记录"单选项；如果要指定合并记录，则可以选中最底部的单选项，并从中设置要合并的范围。选中"全部"单选项，直接单击"确定"按钮，即可生成"信函!"文档，并将所有记录逐一显示在文档中。

STEP 6 以"电子邮件"方式发送通知。

- 在文档中"邮件"选项卡下的"完成"选项组中单击"完成并合并"下拉按钮,在其下拉列表中选择"发送电子邮件"命令。
- 打开"合并到电子邮件"对话框,在"邮件选项"栏下的"收件人"列表中选中"电子邮件",在"主题行"文本框中输入邮件主题。
- 设置完成后单击"确定"按钮,即可启用 Outlook 2010,按照通知中的单位邮件地址逐一向对象发送制作的通知。

1.8.7 课后加油站

1.考试重点分析

考生必须掌握 Word 2010 高级操作知识,包括文档样式的套用、对文档进行拼写和语法检查、修订文档、为文档添加目录、插入特定的信息域等知识。

2.过关练习

练习 1:对当前文档进行一次拼写和语法检查,将所有的错误全部忽略。

练习 2:将第 3 个自然段的样式改为"要点"。

练习 3:修订文本,将第 1、第 2 个自然段删除。

练习 4:在当前位置为文档创建目录,目录格式为:优雅,显示级别为:3 级,前导符为最后一种样式。

练习 5:在当前位置为文档插入目录,显示级别为 2 级,其他用默认设置。

1.9 文档打印

创建好 Word 文档后,有时候需要将文档打印出来,下面就介绍文档的打印功能。

1.9.1 打印机设置

在打印文档前要准备好打印机:接通打印机电源、连接打印机与主机、添加打印纸、检查打印纸与设置的打印纸是否吻合等。

STEP 1 单击"文件"→"打印"命令,在右侧单击"打印机属性"按钮。

STEP 2 打开"Fax 属性"对话框,在对话框中可以设置纸张大小以及图形质量,如图 1-73 所示。

图 1-73 设置打印机

1.9.2 打印指定页

一般情况下,打印的是整个文档,但如果需要打印的文档过长,而又只需要打印文档中的某一个部分时,可以设置只打印指定的页,如打印 2 到 10 页。

STEP 1 单击"文件"→"打印"标签,展开打印设置选项。

STEP 2 在右侧"设置"选项区域中单击"打印所有页"下拉按钮,在下拉菜单中选择"打印自定义范围"命令,接着在"页数"文本中输入需要打印的页数,如图 1-74 所示。

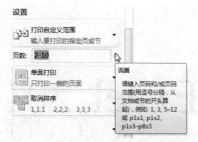

图 1-74　打印指定页

1.9.3　打印奇偶页

在一篇长文档中会有奇数页和偶数页，用户可以根据需要只打印奇数页或者偶数页。

STEP 1 打开要打印的文档，单击"文件"→"打印"标签。

STEP 2 在右侧"设置"选项区域中单击"打印所有页"下拉按钮，在下拉菜单中选择"仅打印奇数页"或者"仅打印偶数页"命令，如图 1-75 所示。

图 1-75　打印偶数页

STEP 3 单击"打印"按钮，即可只打印文档中的奇数页或者偶数页。

1.9.4　一次打印多份文档

单击"打印"按钮时，系统默认打印一份文档，如果想要打印多份文档，只需要在"打印"按钮后的"份数"文本框中输入需要打印的份数，如输入"6"，即可打印 6 份文档，如图 1-76 所示。

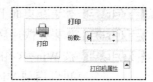

图 1-76　打印多份文档

1.9.5　课后加油站

1.考试重点分析

考生必须掌握打印 Word 2010 文档的知识，包括设置打印机、打印指定的页数、打印奇偶页、一次打印多份文档等知识。

2.过关练习

练习1：打印当前文档的第 1 页、第 2 页。

练习2：将当前文档一次性打印 6 份。

练习3：双面打印文档。

练习4：使用 A3 纸张打印文档。

第 2 章
Excel 2010 的使用

2.1　Excel 2010 概述

Excel 2010 是 Microsoft 公司出版的电子表格程序。可以使用 Excel 创建工作簿（电子表格集合）并设置工作簿格式，以便分析数据和做出更明智的业务决策。特别是，可以使用 Excel 跟踪数据，生成数据分析模型，编写公式以对数据进行计算，以多种方式透视数据，并以各种具有专业外观的图表来显示数据。

2.1.1　Excel 2010 的启动、工作窗口和退出

首先来学习一下 Excel 2010 程序的启动、工作窗口组成与程序退出操作。

1. Excel 2010 的启动

启动 Excel 2010 有以下几种方法。

STEP 1　通过单击"开始"→"所有程序"→"Microsoft Office"→"Microsoft Excel 2010"命令，即可启动 Microsoft Excel 2010。

STEP 2　如果在桌面上或其他目录中建立了 Excel 的快捷方式，直接双击该图标即可。

STEP 3　如果在快速启动栏中建立了 Excel 的快捷方式，直接单击快捷方式图标即可。

STEP 4　按 Win+R 组合键，调出"运行"对话框，输入"excel"，单击"确定"按钮后也可以启动 Microsoft Excel 2010。

2. Excel 2010 的工作窗口组成元素

Excel 2010 工作窗口组成元素如图 2-1 所示，主要包括有标题栏、菜单栏、快速访问工具栏、功能区、选项组、名称框、编辑栏、工作表编辑区、表标签、状态栏、标签滚动按钮等，用户可定义某些屏幕元素的显示或隐藏。

① 标题栏与菜单栏：位于窗口最顶部。标题栏中显示当前工作簿的名称；菜单栏显示 Excel 所有的菜单，如文件、开始、插入、页面布局、公式、数据、审阅、视图等菜单，如图 2-2 所示。

② 快速访问工具栏：位于窗口左上角，用于放置用户经常使用的命令按钮，如图 2-3 所示。快速访问工具栏中的命令可以根据用户的需要增加或删除。

③ 功能区：功能区是由选项组和各功能按钮所组成，如图 2-4 所示。

④ 选项组：位于功能区中，如"开始"标签中包括"剪贴板、字体、对齐"等选项组，相关的命令组合在一起来完成各种任务。图 2-5 所示为"字体"选项组。

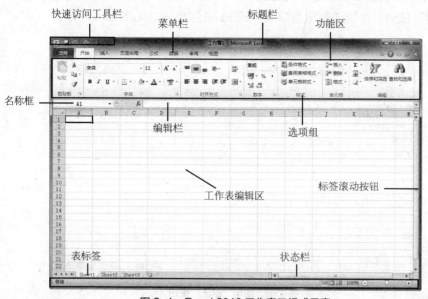

图 2-1　Excel 2010 工作窗口组成元素

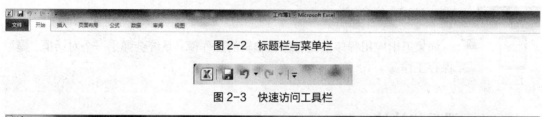

图 2-2　标题栏与菜单栏

图 2-3　快速访问工具栏

图 2-4　功能区

⑤　名称框与编辑栏：名称框是用于显示工作簿中当前活动单元格的单元引用；编辑栏用于显示工作簿中当前活动单元格中存储的数据。

⑥　工作表编辑区：用于编辑数据的单元格区域，Excel 中所有对数据的编辑操作都在此进行。

图 2-5　"字体"选项组

⑦　表标签：显示工作表的名称，单击某一工作表标签可进行工作表之间的切换。

⑧　状态栏：位于 Excel 界面底部的状态栏可以显示许多有用的信息，如计数、值、输入模式、工作簿中的循环引用状态等。

⑨　标签滚动按钮：单击不同的标签滚动按钮，可以左右滚动工作表标签来显示隐藏的工作表。

3. Excel 2010 的退出

退出 Excel 2010 有以下几种方法。

STEP 1　打开 Microsoft Office Excel 2010 程序后，单击程序右上角的关闭按钮 ，可快速退出主程序。

STEP 2 打开 Microsoft Office Excel 2010 程序后，单击"开始"标签，在弹出的下拉菜单中选择"退出"按钮，可快速退出当前开启的 Excel 工作簿，如图 2-6 所示。

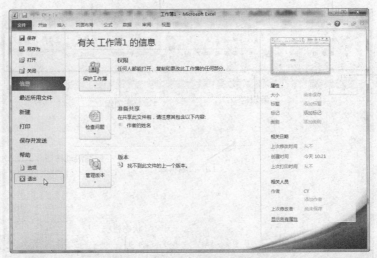

图 2-6　使用"退出"按钮

STEP 3 直接按 Alt+F4 组合键。

注意　如果退出应用程序前没有保存编辑的工作簿，系统会弹出一个对话框，提示保存工作簿。

2.1.2　课后加油站

1. 考试重点分析

考生必须掌握 Excel 2010 程序的基础知识，包括启动与退出 Excel 2010，Excel 2010 工作窗口的构成，以及获取 Excel 帮助等知识。

2. 过关练习

练习 1：通过快捷键退出 Excel 2010 程序。

练习 2：隐藏编辑栏。

练习 3：显示功能区按钮的快捷键。

练习 4：设置默认的文件保存类型。

练习 5：使用 Excel 帮助搜索功能查看如何新建工作簿。

2.2　Excel 2010 的基本操作

2.2.1　新建工作簿

新建工作簿分为 3 种情况，一是建立空白工作簿，二是根据现有工作簿新建，三是用 Excel 本身所带的模板新建。

1. 建立空白工作簿

创建空白工作簿有以下 3 种方法。

STEP 1 启动 Excel 后，立即创建一个新的空白工作簿。

STEP 2 按 Ctrl+N 组合键，立即创建一个新的空白工作簿。

STEP 3 单击"文件"→"新建"标签，在右侧任务窗格中选择"空白工作簿"，单击"创建"按钮，立即创建一个新的空白工作簿。

 注意 　　新创建的空白工作簿，其临时文件名格式为工作簿 1、工作簿 2、工作簿 3……生成空白工作簿后，可根据需要输入编辑内容。

2.根据现有工作簿建立新的工作簿

根据现有工作簿建立新的工作簿时，新工作簿的内容与选择的已有工作簿内容完全相同。这是创建与已有工作簿类似的新工作簿最快捷的方法。

STEP 1 单击"文件"→"新建"标签，在右侧选中"根据现有工作簿"，打开"根据现有工作簿新建"对话框，如图 2-7 所示。

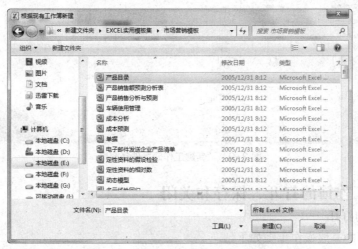

图 2-7　"根据现有工作簿新建"对话框

STEP 2 选择需要的工作簿文档，如"产品目录"，单击"新建"按钮即可，如图 2-8 所示。

图 2-8　根据现有工作簿建立新的工作簿

3.根据模板建立工作簿

根据模板建立工作簿的操作步骤如下。

STEP 1 单击"文件"→"新建"标签，打开"新建工作簿"任务窗格。

STEP 2 在"模板"栏中有"可用模板""Office.com 模板"，可根据需要进行选择，如图 2-9 所示。

图 2-9 "新建工作簿"任务窗格

2.2.2 工作簿的打开、保存和关闭

1.工作簿的打开

打开工作簿的一般操作步骤如下。

STEP 1 单击"文件"→"打开"标签，弹出"打开"对话框。

STEP 2 在"查找范围"列表中，指定要打开文件所在的驱动器、文件夹或 Internet 位置。

STEP 3 在文件夹及文件列表中，选定要打开的工作簿文件。

STEP 4 单击"打开"按钮。

2.工作簿的保存

常用的保存工作簿的方法有：单击"文件"→"保存"标签，或单击工具栏上的"保存"按钮，或按组合键 Ctrl+S。对于一个已保存过的工作簿，进行以上操作都会将文档以第一次保存时的参数进行保存。

第一次保存工作簿的操作方法如下。

STEP 1 单击工具栏上的"保存"按钮，或单击"文件"→"保存"命令，或单击"文件"→"另存为"命令，打开其对话框。

STEP 2 在"保存位置"列表框中选择要保存文件的具体位置，在"文件名"文本框中输入新的文件名。若输入的文件名与已有的文件名相同，系统将提醒用户是否替换已有文件。在"保存类型"下拉列表中指定文档的类型，Excel 默认保存文件类型为"Excel 工作簿"，扩展名为"*.xls"。用户还可以保存其他类型的文件。

STEP 3 单击"保存"按钮即可。

3. 工作簿的关闭

关闭工作簿并且不退出 Excel，可以通过下面方法来实现。

单击"文件"→"关闭"标签，或单击工作簿右边的"关闭"窗口按钮 ⊠，或按 Ctrl+F4 组合键。

2.2.3 工作表的基本操作

1. 重命名工作表

对工作表的名称可以进行重命名。操作步骤如下所述。

STEP 1 选择要重命名的工作表。

STEP 2 用鼠标右键单击要重命名的工作表标签，打开快捷菜单，单击"重命名"命令，原标签名被选定，如图 2-10 所示。

STEP 3 输入新名称覆盖当前名称即可。

2. 移动或复制工作表

在实际工作中，为了更好地共享和组织数据，需要对工作表进行移动或复制。移动或复制工作表可在同一个工作簿内也可在不同的工作簿之间进行。操作步骤如下。

STEP 1 选择要移动或复制的工作表。

STEP 2 用鼠标右键单击要移动或复制的工作表标签，选择"移动或复制工作表"命令，打开"移动或复制工作表"对话框，如图 2-11 所示。

图 2-10　选择快捷菜单"重命名"　　　图 2-11　"移动或复制工作表"对话框

STEP 3 在"工作簿"下拉列表中选择要移动或复制到的目标工作簿名。

STEP 4 在"下列选定工作表之前"列表框中选择把工作表移动或复制到的目标工作簿中的指定工作表。

STEP 5 如果要复制工作表，应选中"建立副本"复选框，否则为移动工作表，最后单击"确定"按钮。

另外，在同一工作簿内进行移动或复制工作表，可用鼠标光标拖动来实现。复制操作为：按住 Ctrl 键，用鼠标光标（光标变成带加号的图标）拖动工作表，到目标工作表位置即可；移动操作为：直接拖动工作表到目标工作表位置。

3. 插入工作表

操作步骤如下。

STEP 1 指定插入工作表的位置，即选择一个工作表，要插入的表在此工作表之前。

STEP 2 单击"插入"→"插入工作表"命令，即可插入一个空白工作表。

从快捷菜单中选择"删除"命令，可删除选定的工作表。工作表被删除后，不可用"撤销"命令恢复。

4. 在工作表中滚动

当工作表的数据较多，一屏幕不能完全显示时，可以拖动垂直滚动条和水平滚动条来上下或左右显示单元格数据，也可以单击滚动条两边的箭头按钮来显示数据，然后用鼠标单击要选的单元格。单元格操作也可使用键盘快捷键，如表 2-1 所示。

表 2-1　选择单元格的快捷键

按　　钮	功　　能
箭头键（↑、↓、←、→）	向上、下、左、右移动一个单元格
Ctrl+箭头键	移动到当前数据区域的边缘
Home	移动到行首
Ctrl+Home	移动到工作表的开头
Ctrl+End	移动到工作表的最后一个单元格，该单元格位于数据所占用的最右列的最下行中
Page Down	向下移动一屏
Page Up	向上移动一屏
Alt+Page Down	向右移动一屏
Alt+Page Up	向左移动一屏
F6	切换到被拆分（窗口菜单上的"拆分"命令）的工作表中的下一个窗格
Shift+F6	切换到被拆分的工作表中的上一个窗格
Ctrl+Backspace	滚动以显示活动单元格
F5	显示"定位"对话框
Shift+F5	显示"查找"对话框
Shift+F4	重复上一次"查找"操作
Tab	在受保护的工作表上的非锁定单元格之间移动

5. 选择工作表

当输入或更改数据时，会影响所有被选中的工作表。这些更改可能会替换活动工作表和其他被选中的工作表上的数据。

选择工作表有以下几种操作方法。

① 选择单张工作表：单击工作表标签。如果看不到所需的标签，可单击标签滚动按钮来显示此标签，然后再单击它。

② 选择两张或多张相邻的工作表：先选中第一张工作表的标签，再按住 Shift 键，单击最后一张工作表的标签。

③ 选择两张或多张不相邻的工作表：单击第一张工作表的标签，再按住 Ctrl 键，单击其他要选的工作表标签。

④ 选择工作簿中所有工作表：右键单击工作表标签，再单击快捷菜单中的"选定全部工作表"命令。

取消对多张工作表选取的方法如下。

● 取消对工作簿中多张工作表的选取：单击工作簿中任意一个未选取的工作表标签。

● 若未选取的工作表标签不可见，可用鼠标右键单击某个被选取的工作表的标签，再单击快捷菜单中的"取消成组工作表"命令。

2.2.4 单元格的基本操作

1. 清除单元格格式或内容

清除单元格，只是删除了单元格中的内容（公式和数据）、格式或批注，但是空白单元格仍然保留在工作表中。操作步骤如下所述。

STEP 1 选定需要清除其格式或内容的单元格或区域。

STEP 2 在"开始"→"编辑"选项组中单击"清除"下拉按钮，弹出下拉菜单，如图 2-12 所示。在下拉菜单中执行下列操作之一。

● "全部清除"命令：可清除格式、内容、批注和数据有效性。

● "清除格式"命令：可清除格式。

● "清除内容"命令：可清除内容。也可单击 Delete 键直接清除内容；或右键单击选定单元格，选择快捷菜单中的"清除内容"命令。

● "清除批注"命令：可清除批注。

● "清除超链接"命令：可清除超链接。

2. 删除单元格、行或列

删除单元格，是从工作表中移去选定的单元格以及数据，然后调整周围的单元格填补删除后的空缺。操作步骤如下。

STEP 1 选定需要删除的单元格、行、列或区域。

STEP 2 在"开始"→"单元格"选项组中单击"删除"下拉按钮，在下拉菜单中进行选择删除，或从快捷菜单中选择"删除"命令，打开其对话框，如图 2-13 所示，按需要进行选择然后单击"确定"按钮。

图 2-12　"清除"下拉菜单

图 2-13　"删除"对话框

3. 插入空白单元格、行或列

插入新的空白单元格、行、列的操作步骤如下。

STEP 1 选定要插入新的空白单元格、行、列，具体执行下列操作之一。

- 插入新的空白单元格：选定要插入新的空白单元格的单元格区域。注意选定的单元格数目应与要插入的单元格数目相等。
- 插入一行：单击需要插入的新行之下相邻行中的任意单元格。例如，要在第 5 行之上插入一行，则单击第 5 行中的任意单元格。
- 插入多行：选定需要插入的新行之下相邻的若干行。选定的行数应与要插入的行数相等。
- 插入一列：单击需要插入的新列右侧相邻列中的任意单元格。例如，要在 B 列右侧插入一列，请单击 B 列中的任意单元格。
- 插入多列：选定需要插入的新列右侧相邻的若干列。选定的列数应与要插入的列数相等。

STEP 2 在"插入"菜单上，单击"插入单元格""插入工作表行""插入工作表列"或"插入工作表"，如图 2-14 所示。如果单击"插入单元格"，则打开其对话框，如图 2-15 所示。也可从快捷菜单中选择"插入"命令，打开其对话框，选择插入整行、整列或要移动周围单元格的方向，最后单击"确定"按钮。

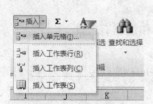

图 2-14　"插入"菜单

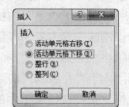

图 2-15　"插入"对话框

4. 行列转换

把行和列进行转换，即是把复制区域的顶行数据变成粘贴区域的最左列，而复制区域的最左列变成粘贴区域的顶行。操作步骤如下所述。

STEP 1 选定要转换的单元格区域，如图 2-16 所示。

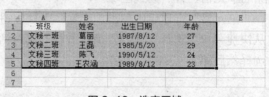

图 2-16　选定区域

STEP 2 在"开始"→"剪贴板"选项组中单击"复制"命令，或单击快捷菜单中的"复制"命令。

STEP 3 选定粘贴区域的左上角单元格。此例选择 A8 单元格。注意，粘贴区域必须在复制区域以外。

STEP 4 单击鼠标右键，在弹出的快捷菜单中单击"选择性粘贴"右侧的箭头，如图 2-17 所示，然后单击"转置"命令，结果如图 2-18 所示。

5. 移动行或列

操作步骤如下所述。

STEP 1 选定需要移动的行或列，如图 2-19 所示。

STEP 2 在"开始"→"剪贴板"选项组中单击"剪切"按钮，如图 2-20 所示。

图 2-17　单击"选择性粘贴"

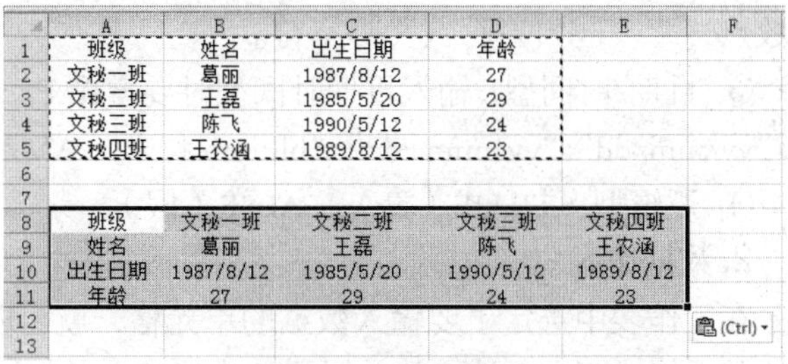

图 2-18　行列转换结果

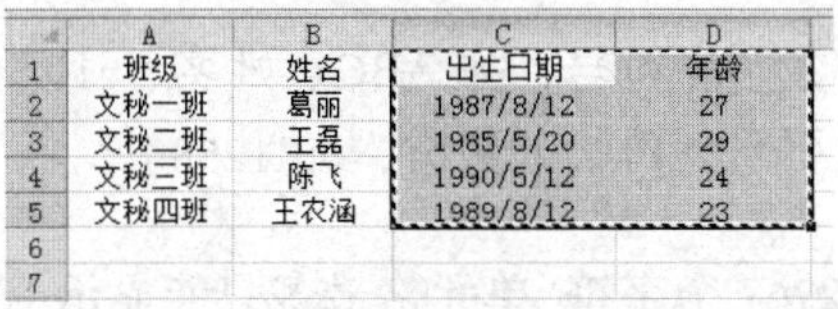

图 2-19　选定要移动的列

图 2-20　单击"剪切"按钮

STEP 3 选择要移动到的区域的行或列，或要移动到的区域的第一个单元格，如选择 A7 单元格。

STEP 4 在"开始"→"单元格"选项组中单击"插入"→"插入剪切的单元格"命令，移动结果如图 2-21 所示。

6.移动或复制单元格

操作步骤如下所述。

STEP 1 选定要移动或复制的单元格。

STEP 2 执行下列操作之一。

图 2-21　移动结果

- 移动单元格：在"开始"→"剪贴板"选项组中单击"剪切"按钮，再选择粘贴区域的左上角单元格。
- 复制单元格：在"开始"→"剪贴板"选项组中单击"复制"按钮，再选择粘贴区域的左上角单元格。
- 将选定单元格移动或复制到其他工作表：在"开始"→"剪贴板"选项组中单击"剪切"按钮或"复制"按钮，再单击新工作表标签，然后选择粘贴区域的左上角单元格。
- 将单元格移动或复制到其他工作簿：在"开始"→"剪贴板"选项组中单击"剪切"按钮或"复制"按钮，再切换到其他工作簿，然后选择粘贴区域的左上角单元格。

STEP 3 单击"粘贴"按钮，也可单击"选择性粘贴"按钮旁的箭头，再选择列表中的选项。

基础知识篇　第2章　Excel 2010 的使用

2.2.5 数据类型及数据输入

1. 常见数据类型

单元格中的数据有类型之分，常用的数据类型分为文本型、数值型、日期/时间型和逻辑型。

① 文本型：由字母、汉字数字和符号组成。

② 数值型：除了数字（0~9）组成的字符外，还包括 +、-、(、)、E、e、/、$、%以及小数点"."、千分位符","等字符。

③ 日期/时间型：输入日期时间型时要遵循 Excel 内置的一些格式。常见的日期时间格式为"yy/mm/dd""yy-mm-dd""hh:mm［:ss］［AM/PM］"。

④ 逻辑型：TRUE（真）、FALSE（假）。

2. 数据输入

在工作表中选定了要输入数据的单元格，就可以在其中输入数据。操作方法：单击要选定的单元格或双击要选定的单元格，直接输入数据。

（1）文本型数据输入

● 字符文本：直接输入包括英文字母、汉字、数字和符号，如 ABC、姓名、a10。

● 数字文本：由数字组成的字符串。先输入单引号，再输入数字，如'12580。

注意　单元格中输入文本的最大长度为 32767 个字符。单元格最多只能显示 1024 个字符，在编辑栏可全部显示。文本型数据默认为左对齐。当文字长度超过单元格宽度时，如果相邻单元格无数据，则可显示出来，否则隐藏。

（2）数值型数据输入

● 输入数值：直接输入数字，数字中可包含一个逗号。如1，895，710.89。如果在数字中间出现任一字符或空格，则认为它是一个文本字符串，而不再是数值，如 123A45。

● 输入分数：带分数的输入是在整数和分数之间加一个空格；真分数的输入是先输入 0 和空格，再输入分数，如 4 3/5、0 3/5。

● 输入货币数值：先输入$或￥，再输入数字，如$123、￥845。

● 输入负数：先输入减号，再输入数字，或用圆括号（）把数括起来。如-1234、(1234)。

● 输入科学计数法表示的数：直接输入，如 2.46E+10。

注意　数值数据默认为右对齐。如果数据太长，Excel 自动以科学计数法表示，如输入 123456789012，显示为 1.23457E+11。当单元格宽度变化时，科学计数法表示的有效位数也会变化，但单元格存储的值不变。数字精度为 15 位，当超过 15 位时，多余的数字转换为 0。

（3）日期/时间型数据输入

● 日期数据输入：直接输入格式为"yyyy/mm/dd"或"yyyy-mm-dd"的数据，也可以是"yy/mm/dd"或"yy-mm-dd"的数据，也可输入"mm/dd"的数据。例如，2015/05/05，04-04-21，8/20。

● 时间数据输入：直接输入格式为"hh:mm[:ss][AM/PM]"的数据，如 9:35:45，9:21:30 PM。

● 日期和时间数据输入：日期和时间用空格分隔，如 2015-4-21 9:03:00。

- 快速输入当前日期：按 Ctrl+；组合键。
- 快速输入当前时间：按 Ctrl+：组合键。

注意 　　日期/时间型数据系统默认为右对齐。当输入了系统不能识别的日期或时间时，系统将认为输入的是文本字符串。单元格太窄，非文本数据将以"#"号显示。

注意分数和日期数据输入的区别，如分数为 0 3/6，日期为 3/6。

（4）逻辑型数据输入

- 逻辑真值输入：直接输入"TRUE"。
- 逻辑假值输入：直接输入"FALSE"。

2.2.6 工作表格式化

1. 设置工作表和数据格式

在单元格中输入数据时，系统一般会根据输入的内容自动确定它们的类型、字形、大小、对齐方式等数据格式。也可以根据需要进行重新设置。操作步骤如下所述。

STEP 1 在"开始"→"单元格"选项组中单击"格式"下拉按钮，在下拉菜单中选择"设置单元格格式"命令或选择快捷菜单中的"设置单元格格式"命令，如图 2-22 所示，打开"单元格格式"对话框。

图 2-22　选择"设置单元格格式"命令

STEP 2 单击"数字"选项卡，在"分类"列表框中选择要设置的数字，在右边"类型"列表框中选择具体的表示形式。例如，选择"日期"，并选择"*2001/3/14"的显示格式，如图 2-23 所示。

STEP 3 选择"数值"，并设置小数位数、使用千位分隔符和负数的表示形式，如图 2-24 所示。

注意 　　对数字、货币还可以用工具栏中的各种按钮设置格式。

STEP 4 单击"确定"按钮，完成格式的设置。

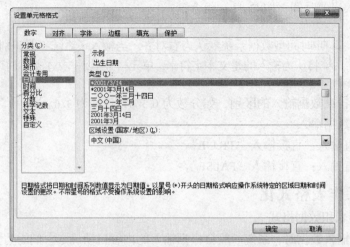

图 2-23　设置日期格式

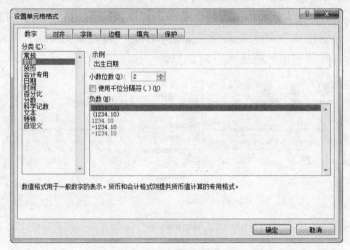

图 2-24　设置数值格式

 　　　对话框中数字形式的分类共有 12 种，可以根据需要选择不同的格式，在"自定义"类别中包含所有的格式，用户可以自行设置。

注意

2.边框和底纹

（1）设置边框

STEP 1 选定要设置边框的单元格区域。

STEP 2 在"开始"→"单元格"选项组中单击"格式"下拉按钮，在下拉菜单中选择"设置单元格格式"命令，或单击快捷菜单中的"设置单元格格式"命令，打开其对话框。

STEP 3 选择"边框"选项卡，如图 2-25 所示。

STEP 4 进行"线条""颜色""边框"的选择，最后单击"确定"按钮，效果如图 2-26 所示。

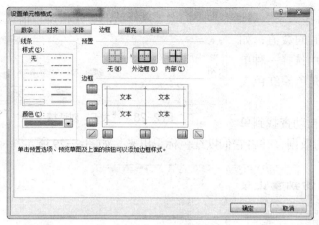

图 2-25 “边框”选项卡

	A	B	C	D
1	班级	姓名	出生日期	年龄
2	文秘一班	葛丽	1987/8/12	27
3	文秘二班	王磊	1985/5/20	29
4	文秘三班	陈飞	1990/5/12	24
5	文秘四班	王农涵	1989/8/12	23
6				

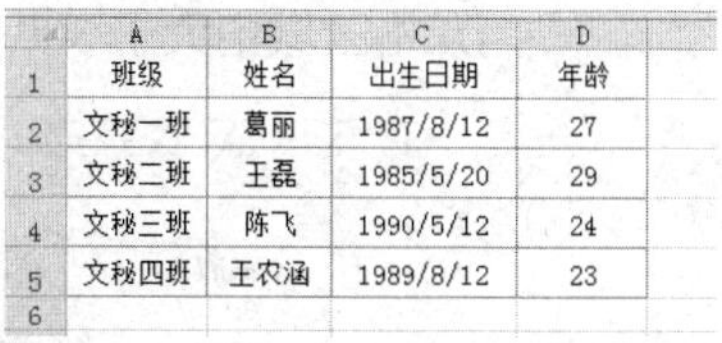

图 2-26 设置边框示例

（2）设置底纹

STEP 1 选定要设置底纹的单元格区域。

STEP 2 在“开始”→“单元格”选项组中单击“格式”下拉按钮，在下拉菜单中选择“设置单元格格式”命令，或单击快捷菜单中的“设置单元格格式”命令，打开其对话框。

STEP 3 选择“填充”选项卡。

STEP 4 具体进行“颜色”“图案”的选择，然后单击“确定”按钮。

3. 条件格式

条件格式是指当指定条件为真时，系统自动应用于单元格的格式，如单元格底纹或字体颜色。例如，利用单元格格式中的突出显示单元格规则，可以设置满足某一规则的单元格突出显示出来，如大于或小于某一规则。下面介绍设置产品底价大于 300 元的数据以红色标记出来的操作方法。

（1）设置条件格式

STEP 1 选中要设置条件格式的单元格区域。

STEP 2 在“开始”→“样式”选项组中单击“条件格式”下拉按钮。

STEP 3 在下拉列表中选择“突出显示单元格规则”选项，在右边的子菜单中选择“大于”，如图 2-27 所示。

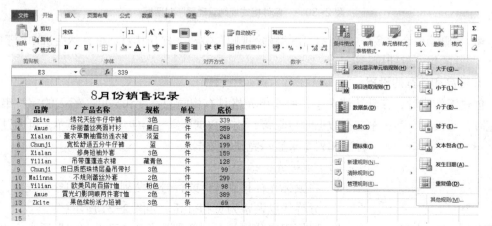

图 2-27 “条件格式”下拉菜单

STEP 4 打开“大于”对话框，在“大于”对话框中“为大于以下值的单元格设置格式”文本框中输入作为特定值的数值，如“300”，在右侧下拉列表中选择一种单元格样式，如“浅红填充色深红色文本”，如图 2–28 所示。

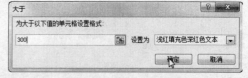

图 2–28　“大于”对话框

STEP 5 单击“确定”按钮，即可自动查找到单元格区域中大于 300 元的数据，并将它们以红色标记出来，如图 2–29 所示。

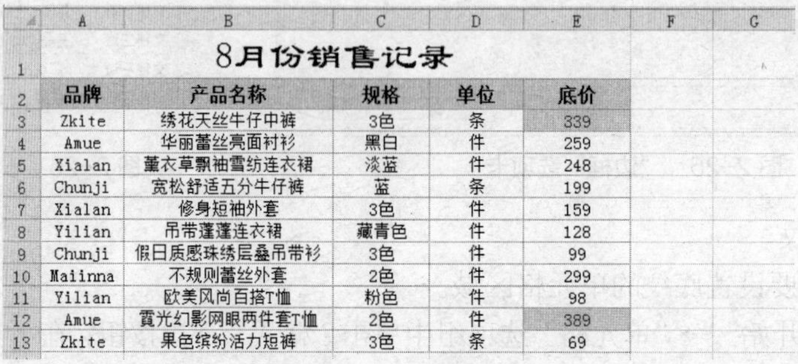

	A	B	C	D	E	F	G
1	8月份销售记录						
2	品牌	产品名称	规格	单位	底价		
3	Zkite	绣花天丝牛仔中裤	3色	条	339		
4	Amue	华丽蕾丝亮面衬衫	黑白	件	259		
5	Xialan	薰衣草飘袖雪纺连衣裙	淡蓝	件	248		
6	Chunji	宽松舒适五分牛仔裤	蓝	条	199		
7	Xialan	修身短袖外套	3色	件	159		
8	Yilian	吊带蓬蓬连衣裙	藏青色	件	128		
9	Chunji	假日质感珠绣层叠吊带衫	3色	件	99		
10	Maiinna	不规则蕾丝外套	2色	件	299		
11	Yilian	欧美风尚百搭T恤	粉色	件	98		
12	Amue	霓光幻影网眼两件套T恤	2色	件	389		
13	Zkite	果色缤纷活力短裤	3色	条	69		

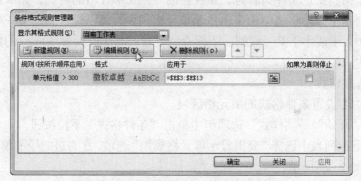

图 2–29　设置后的效果

（2）更改或删除条件格式

执行下列一项或多项操作。

- 如果要更改格式，单击相应条件的“条件格式”按钮，打开“条件格式规则管理器”如图 2–30 所示，单击“编辑规则”按钮，即可进行更改。

图 2–30　“条件格式规则管理器”对话框

- 要删除一个或多个条件，单击“删除规则”按钮，打开其对话框，然后选中要删除条件的复选框即可。

4. 行高和列宽的设置

创建工作表时，在默认情况下，所有单元格具有相同的宽度和高度，输入的字符串超过列宽时，超长的文字在左右有数据时被隐藏，数字数据则以“#######”显示。可通过调整行高和列宽来显示完整的数据。

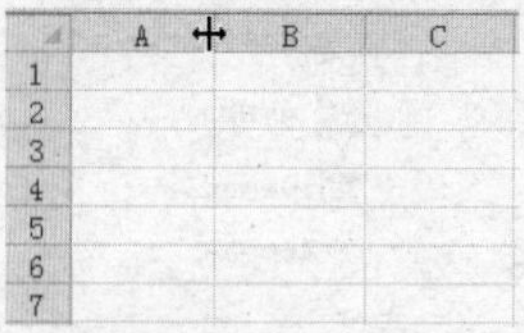

图 2–31　拖动分界线

（1）鼠标光标拖动

- 将鼠标光标移到列标或行号上两列或两行的分界线上，拖动分界线以调整列宽和行高，如图 2–31 所示。
- 鼠标双击分界线，列宽和行高会自动调整到最适当大小。

用鼠标单击某一分界线，会显示有关列的宽度和行的高度信息。

（2）行高和列宽的精确调整

STEP 1 单击"格式"下拉按钮，在下拉菜单中进行设置，如图 2-32 所示。

图 2-32 "格式"菜单

STEP 2 执行下列操作之一。

● 选择"列宽""行高"或"默认列宽"，打开相应的对话框，输入需要设置的数据。

● 选择"自动调整列宽"或"自动调整行高"命令，选定列中最宽的数据为宽度或选定行中最高的数据为高度自动调整。

5. 单元格样式

样式是格式的集合。样式中的格式包括数字格式、字体格式、字体种类、大小、对齐方式、边框、图案等。当不同的单元格需要重复使用同一格式时，逐一设置很费时间。如果利用系统的"样式"功能进行设置，可提高工作的效率。

（1）应用样式

STEP 1 选择要设置格式的单元格，在"开始"→"样式"选项中单击"单元格样式"下拉按钮，如图 2-33 所示。在下拉表中选择"新建单元格样式"命令，打开样式对话框。

STEP 2 从"样式名"下拉列表中选择具体样式，对"样式包括"中的各种复选框进行选择。

如果要应用普通数字样式，单击工具栏上的"千位分隔样式"按钮、"货币样式"按钮或"百分比样式"按钮。

（2）创建新样式

STEP 1 选定一个单元格，它含有新样式中要包含的格式组合（给样式命名时可指定格式）。

STEP 2 在"开始"→"样式"选项组中单击"单元格样式"命令,在下拉列表中选择"新建单元格样式"命令,打开"样式"对话框,如图 2-34 所示。

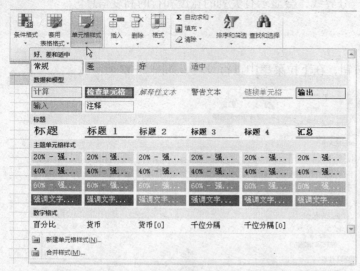

图 2-33 单击"单元格样式"下拉按钮　　　　　　图 2-34 "样式"对话框

STEP 3 在"样式名"文本框中输入新样式的名称。

STEP 4 单击"确定"按钮。

6. 文本和数据

在默认情况下,单元格中文本的字体是宋体、12 号字,并且靠左对齐,数字靠右对齐。用户可根据实际需要进行重新设置。

（1）设置文本字体

STEP 1 选中要设置格式的单元格或文本。

STEP 2 单击鼠标右键,在弹出的快捷菜单中选择"设置单元格格式"命令,打开其对话框。执行下列一项或多项操作。

● 单击"开始"→"字体"选项组右下角的 按钮,打开"设置单元格格式"的"字体"选项卡,如图 2-35 所示。

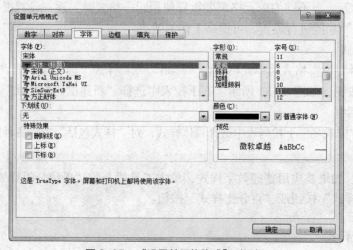

图 2-35 "设置单元格格式"对话框

对"字体""字形""字号""下画线""颜色"等进行设置。另外，也可用"格式"工具栏中的各种格式按钮进行设置。

● 单击"对齐"选项卡，按如图 2-36 所示进行具体设置。

图 2-36 "对齐"选项卡

STEP 3 "文本对齐方式"栏的"水平对齐"下拉列表中有 8 种方式，如图 2-37（a）所示；"垂直对齐"下拉列表中有 5 种方式，如图 2-37（b）所示；"文字方向"下拉列表中有 3 种方式，如图 2-37（c）所示。

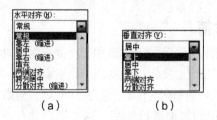

（a）　　　　　　　　（b）　　　　　　　　（c）

图 2-37 "文本对齐方式"中的各种选项

● 自动换行：对输入的文本根据单元格的列宽自动换行。

● 缩小字体填充：减小字符大小，使数据的宽度与列宽相同。如果更改列宽，则将自动调整字符大小。此选项不会更改所应用的字号。

● 合并单元格：将所选的两个或多个单元格合并为一个单元格。合并后的单元格引用为最初所选区域中位于左上角的单元格中的内容。和"水平对齐"中的"居中"按钮结合，一般用于标题的对齐显示，也可用工具栏上的"合并及居中"按钮完成此种设置。

● 方向："方向"框用来改变单元格中文本旋转的角度。

STEP 4 单击"确定"按钮。

7.套用表格样式

利用系统的"套用表格样式"功能，可以快速地对工作表进行格式化，使表格变得美观大方。系统预定义了 17 种表格的格式。

STEP 1 选中要设置格式的单元格或区域。

STEP 2 在"开始"→"样式"选项组中单击"套用表格格式"下拉按钮，展开下拉列表，如图 2-38 所示。

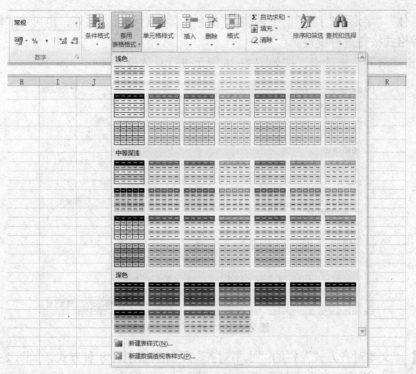

图 2-38 "套用表格格式"下拉列表

STEP 3 选择一种格式即可应用。

2.2.7 保护工作表和工作簿

Microsoft Excel 中与隐藏数据、使用密码保护工作表和工作簿有关的功能并不是为数据安全机制或保护 Excel 中的机密信息而设计的。使用这些功能可以隐藏某些可能干扰用户的数据或公式，从而使信息显示更为清晰。这些功能还有助于防止其他用户对数据进行不必要的更改。Excel 不会对工作簿中隐藏或锁定的数据进行加密，只要用户具有访问权限，并花费足够的时间，即可获取并修改工作簿中的所有数据。若要防止修改数据和保护机密信息，请将包含这些信息的所有 Excel 文件存储到只有授权用户才可访问的位置，并限制这些文件的访问权限。

1. 工作表保护

（1）设置允许用户进行的操作

为工作表设置允许用户进行的操作，可以有效保护工作表数据安全。需要时可以通过"保护工作表"功能来实现。

STEP 1 打开需要保护的工作表，在"审阅"→"更改"选项组中单击"保护工作表"按钮。

STEP 2 在打开的"保护工作表"对话框中选中"保护工作表及锁定的单元格内容"复选框。在"取消工作表保护时使用的密码"文本框中输入一个密码。在"允许此工作表的所有用户进行"列表框中选中允许用户进行的操作选项前的复选框，单击"确定"按钮，如图 2-39 所示。

STEP 3 在弹出的"确认密码"对话框中重新输入一次密码。单击"确定"按钮，接着保存工作簿，即可完成设置，如图 2-40 所示。

图 2-39 "保护工作表"对话框

图 2-40 "确认密码"对话框

（2）隐藏含有重要数据的工作表

除了可通过设置密码对工作表实行保护外，还可利用隐藏行列的方法将整张工作表隐藏起来，以达到保护的目的。例如，隐藏含有重要数据的工作表。

切换到要隐藏的工作表中，单击"开始"选项卡，在"单元格"选项组中选择"格式"下拉按钮。在下拉菜单中选中"隐藏和取消隐藏"命令，在子菜单中选中"隐藏工作表"命令，如图 2-41 所示，即可实现工作表的隐藏。

（3）保护公式不被更改

如果工作表中包含大量的重要公式，不希望这些公式被别人修改，可以对公式进行保护。

STEP 1 在"视图"→"宏"选项组中单击"宏"按钮下拉菜单，在弹出菜单中选择"宏录制"命令，打开"录制新宏"对话框，如图 2-42 所示。

图 2-41 "格式"菜单

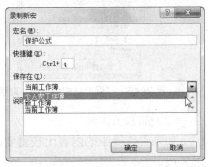

图 2-42 "录制新宏"对话框

STEP 2 输入宏名为"保护公式"，设置快捷键为 Ctrl+Q，设置保存在"个人宏工作簿"，接着单击"确定"开始录制宏。按 Ctrl+A 组合键，选中工作表中的所有单元格。切换到"开始"选项卡，在"单元格"选项组中单击"格式"下拉按钮，在下拉菜单中单击"锁定单元格"命令，取消锁定单元格。

STEP 3 在"编辑"选项组中单击"查找和选择"下拉按钮，在弹出的菜单中选择"公式"命令，选中工作表中所有的公式，如图 2-43 所示。

STEP 4 切换到"审阅"→"更改"选项组，单击"保护工作表"按钮。

STEP 5 打开"保护工作表"对话框，如图 2-44 所示。把"允许此工作表的所有用户进行"列表框中的所有允许选项全部选中。单击"视图"选项卡，在"宏"选项组中单击"宏"按钮下拉菜单，在弹出菜单中选择"停止录制"命令，完成"宏"的录制，如图 2-45 所示。

STEP 6 按 Ctrl+Q 组合键，即可保护所有公式了。

图 2-43 选择"公式"命令

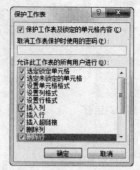

图 2-44 "保护工作表"对话框

图 2-45 "宏"菜单

2.工作簿保护

（1）保护工作簿不被修改

如果不希望其他用户对整个工作表的结构和窗口进行修改，可以进行保护。

STEP 1 在"审阅"→"更改"选项组中单击"保护工作簿"按钮。打开"保护结构和窗口"对话框。选中"结构"复选框和"窗口"复选框，如图 2-46 所示。

STEP 2 在"密码"文本框中输入密码。单击"确定"按钮，接着在打开的"确认密码"对话框中重新输入一遍密码，单击"确定"按钮，即可完成设置，如图 2-47 所示。

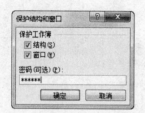

图 2-46 "保护结构和窗口"对话框

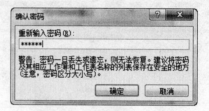

图 2-47 "确认密码"对话框

（2）加密工作簿

如果工作簿中的内容比较重要，不希望其他用户打开，可以给该工作簿设置一个打开权限密码。

STEP 1 打开需要设置打开权限密码的工作簿。单击"文件"选项卡，选中"另存为"标签，打开"另存为"对话框。单击右下角的"工具"按钮下拉菜单，在弹出的菜单中选择"常规选项"命令，如图 2-48 所示。

STEP 2 打开"常规选项"对话框，在"常规选项"对话框中的"打开权限密码"文本框中输入密码，如图 2-49 所示。

STEP 3 单击"确定"按钮，在打开的"确认密码"对话框中再次输入密码，如图 2-50 所示。单击"确定"按钮，返回到"另存为"对话框。

STEP 4 设置文件的保存位置和文件名，单击"保存"按钮保存文件。以后再打开这个工作簿时，就会弹出一个"密码"文本框，只有输入正确的密码才能打开工作簿。

图 2-48 "另存为"对话框

图 2-49 "常规选项"对话框

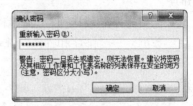

图 2-50 "确认密码"对话框

2.2.8 课后加油站

1.考试重点分析

考生必须掌握 Excel 2010 工作簿的创建、保存、打开和关闭的方法，Excel 工作表和单元格的基本操作，以及在 Excel 表格中输入各种不同类型数据的方法，还应了解关于数据的相关编辑操作。

2.过关练习

练习1：利用快捷键创建空白工作簿。

练习2：更改工作表标签显示颜色。

练习3：选取工作表中所有单元格。

练习4：按单元格格式进行查找。

练习5：一次设置多行的行高。

练习6：输入分数 2/5。

练习7：使用格式刷复制条件格式。

练习8：更改工作表背景。

练习9：隐藏"学生成绩"工作表。

2.3 数据处理

2.3.1 排序

Excel 的排序功能可以将表中列的数据按照升序或降序排列，排列的列名通常称为关键字。进行排序后，每个记录的数据不变，只是跟随关键字排序的结果记录顺序发生了变化。

升序排列时，默认的次序如下。

● 数字：从最小的负数到最大的正数。

● 文本和包含数字的文本：0~9（空格）!"#$%&()*,./:;?@[\]^_`{|}~+<=>A~Z。撇号(')和连字符(-)会被忽略。

但例外情况是：如果两个文本字符串除了连字符不同外其余都相同，则带连字符的文本排在后面。

● 字母：在按字母先后顺序对文本项进行排序时，从左到右一个字符一个字符地进行排序。

● 逻辑值：FALSE 在 TRUE 之前。

● 错误值：所有错误值的优先级相同。

● 空格：空格始终排在最后。

降序排列的次序与升序相反。

1. 单列排序

STEP 1 选择需要排序的数据列，如"编号"列。

STEP 2 在"数据"→"排序和筛选"选项组中单击"升序排序"按钮 ，（见图 2-51），即可对"编号"字段升序排序。

编号	日期	经办人	所属部门	费用类别	入额	出额	备注
MW_R001	2008/11/2	朱子进	财务	第三季度费用	45000		
MW_R002	2008/11/3	杨依娜	企划	办公费		300	办公用具
MW_R003	2008/11/5	罗家强	销售	差旅费		4800	天津
MW_R004	2008/11/8	龚全海	销售	差旅费		5500	上海
MW_R005	2008/11/10	张蕃蕃	广告	宣传费		680	宣传海报
MW_R006	2008/11/12	张长江	企划	招待费		1580	假日酒店
MW_R007	2008/11/13	赵庆龙	财务	办公费		260	财务用具
MW_R008	2008/11/15	高志敏	人事	通讯费		580	手机费
MW_R009	2008/11/16	丁治国	销售	差旅费		3600	广州
MW_R010	2008/11/17	郭美玲	人事	维修费		500	扫描仪

图 2-51　"编号"字段升序排序

 注意　千万不要选中部分区域就进行排序，这样会出现记录数据混乱。选择数据时，不是选中全部区域，就是选中一个单元格。

2. 多列排序

STEP 1 在需要排序的区域中，单击任意单元格。

STEP 2 在"数据"→"排序和筛选"选项组中单击"排序"命令，打开其对话框，如图 2-52 所示。

STEP 3 选定"主要关键字"以及排序的次序后，可以设置"次要关键字"和"第 3 关键字"以及排序的次序。

多个关键字排序是当主要关键字的数值相同时，按照次要关键字的次序进行排列，次要关键字的数值相同时，按照第 3 关键字的次序排列。单击"选项"按钮，打开"排序选项"对话框，如图 2-53 所示，可设置区分大小写、按行排序、按笔画排序等复杂的排序。

图 2-52　"排序"对话框

图 2-53　"排序选项"对话框

STEP 4 数据表的字段名不参加排序，应选中"有标题行"单选项；如果没有字段名行，应选中"无标题行"单选项，再单击"确定"按钮。

2.3.2　筛选

利用数据筛选可以方便地查找符合条件的行数据，筛选有自动筛选和高级筛选两种。自动筛选包括按选定内容筛选，它适用于简单条件；高级筛选适用于复杂条件。一次只能对工作表中的一个区域应用筛选。与排序不同，筛选并不重排区域，它只是暂时隐藏不必显示的行。

1. 自动筛选

STEP 1 单击要进行筛选的区域中的单元格。

STEP 2 在"数据"→"排序和筛选"选项组中单击"筛选"命令，数据区域中各字段名称行的右侧显示出下拉列表按钮，如图 2-54 所示。

图 2-54　筛选数据

STEP 3 单击下拉列表按钮，可选择要查找的数据。例如，选择"费用类别"下拉列表中的"办公费"，查找出所有办公费的记录，结果如图 2-55 所示。

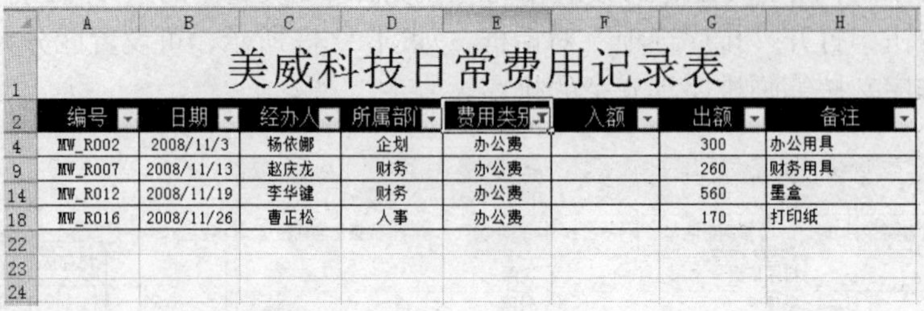

	A	B	C	D	E	F	G	H
1	美威科技日常费用记录表							
2	编号	日期	经办人	所属部	费用类别	入额	出额	备注
4	MW_R002	2008/11/3	杨依娜	企划	办公费		300	办公用具
9	MW_R007	2008/11/13	赵庆龙	财务	办公费		260	财务用具
14	MW_R012	2008/11/19	李华健	财务	办公费		560	墨盒
18	MW_R016	2008/11/26	曹正松	人事	办公费		170	打印纸
22								
23								
24								

图 2-55　筛选结果示例

列表框中的选项含义如下。

- 升序排列：按升序方式排列该列的数据记录。
- 降序排列：按降序方式排列该列的数据记录。
- 全部：取消所进行的筛选，显示全部行。
- 前 10 个：选择该项可打开一个对话框，做进一步的设置，如图 2-56 所示。

图 2-56　"自动筛选前 10 个"对话框

- 自定义：选择该项可打开一个对话框，根据自定义的条件进行设置。图 2-57 所示为筛选出额在大于或等于 4000 到小于 6000 之间的行。

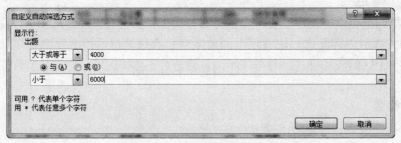

图 2-57　自定义自动筛选条件

如果要取消筛选，再次单击"数据"→"筛选"→"自动筛选"命令即可。

注意　　在对第一个字段进行筛选后，如果再对第二个字段进行筛选，这时是在第一个字段筛选结果的基础上进行再次筛选。

2.高级筛选

STEP 1 指定一个条件区域，即在数据区域以外的空白区域中输入要设置的条件。

STEP 2 单击要进行筛选的区域中的单元格，在"数据"→"排序和筛选"选项组中单击"高级"命令，打开其对话框，如图 2-58 所示。

对筛选结果的位置进行如下选择。

- 若要通过隐藏不符合条件的数据行来筛选区域，选择"在原有区域显示筛选结果"；
- 若要通过将符合条件的数据行复制到工作表的其他位置来筛选区域，选择"将筛选结果复制到其他位置"，然后在"复制到"编辑框中单击鼠标左键，再单击要在该处粘贴行的区域的左上角。

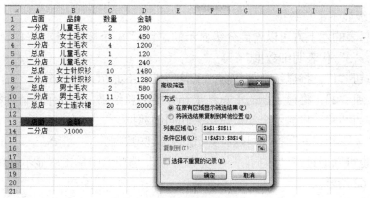

图 2-58 设置筛选条件

STEP 3 在"条件区域"编辑框中，输入条件区域的引用。如果要在选择条件区域时暂时将"高级筛选"对话框移走，可单击其"折叠"按钮压缩对话框，用鼠标拖动选择条件区域。

图 2-59 筛选结果

STEP 4 单击"确定"按钮，效果如图 2-59 所示。

2.3.3 分类汇总

在实际应用中经常会用到分类汇总。分类汇总指的是按某一字段汇总有关数据，如按部门汇总工资，按班级汇总成绩等。分类汇总必须先分类，即按某一字段排序，把同类别的数据放在一起，然后再进行求和、求平均等汇总计算。分类汇总一般在数据列表中进行。

（1）简单汇总

STEP 1 选择汇总字段，并进行升序或降序排序。此例为把"电器价格表"按"月份"排序。

STEP 2 在"数据"→"分级显示"选项组中单击"分类汇总"命令，打开"分类汇总"对话框，如图 2-60 所示。

STEP 3 设置分类字段、汇总方式、汇总项、汇总结果的显示位置。

- 在"分类字段"框中选定分类的字段，此例选择"月份"。
- 在"汇总方式"框中指定汇总函数，如求和、平均值、计数、最大值等，此例选择"求和"。
- 在"选定汇总项"框中选定汇总函数进行汇总的字段项，此例选择"金额"字段。

STEP 4 单击"确定"按钮，分类汇总的结果如图 2-61 所示。

图 2-60 "分类汇总"对话框

		A	B	C	D	E	F	G	H
	1	月份	日期	物品	数量	单价	金额		
	2	1月	3日	电视	8	1000	8000		
	3	1月	11日	电视	1	1000	1000		
	4	1月	6日	冰箱	9	2000	18000		
	5	1月	23日	冰箱	8	2000	16000		
	6	1月	17日	洗衣机	2	1500	3000		
	7	1月	21日	洗衣机	4	1500	6000		
	8	1月 汇总					52000		
	9	2月	26日	洗衣机	5	1500	7500		
	10	2月	15日	冰箱	10	2000	20000		
	11	2月	12日	电视	6	1000	6000		
	12	2月	14日	电视	6	1000	6000		
	13	2月	4日	洗衣机	6	1500	9000		
	14	2月	19日	冰箱	6	2000	12000		
	15	2月 汇总					54500		
	16	3月	9日	电视	1	1000	1000		
	17	3月	10日	电视	3	1000	3000		
	18	3月	7日	洗衣机	5	1500	7500		
	19	3月	19日	洗衣机	7	1500	10500		
	20	3月	6日	冰箱	6	2000	12000		
	21	3月	9日	冰箱	2	2000	4000		
	22	3月 汇总					38000		
	23	总计					144500		

图 2-61 分类汇总的结果

STEP 5 分级显示汇总数据。

在分类汇总表的左上方可以看到分级显示的"123"3 个按钮标志。"1"代表总计,"2"代表分类合计,"3"代表明细数据。

● 单击按钮"1",将显示全部数据的汇总结果,不显示具体数据。

● 单击按钮"2",将显示总的汇总结果和分类汇总结果,不显示具体数据。

● 单击按钮"3",将显示全部汇总结果和明细数据。

● 单击"+"和"-"按钮可以打开或折叠某些数据。

分级显示也可以通过在"数据"→"分级显示"选项组中单击"显示明细数据"按钮来显示,如图 2-62 所示。

图 2-62　"分级显示"选项组

（2）嵌套汇总

若对汇总的数据还想进行不同的汇总,如求各月份金额合计后,又想统计各物品的数量,可再次进行分类汇总。在图 2-63 所示的对话框中选择"计数"汇总方式,选择"数量"为汇总项,清除其余汇总项,并取消选取"替换当前分类汇总"复选框,即可叠加多种分类汇总,如图 2-64 所示。

图 2-63　"分类汇总"对话框　　　　图 2-64　各月份金额、物品合计叠加汇总结果图

（3）清除分类汇总

如果要删除已经存在的分类汇总,在图 2-63 中单击"全部删除"按钮即可。

2.3.4　合并计算

"合并计算"功能是将多个区域中的值合并到一个新区域中,利用此功能可以为数据计算提供很大的便利。

（1）合并求和计算

STEP 1 工作簿中包含 3 张工作表,两张分别为各分店的销售统计数据,另外一张为显示总销售情况的工作表。在总销售情况的工作表中选中合并计算后数据存放的起始单元格。

STEP 2 在"数据"→"数据工具"选项组中单击"合并计算"按钮,打开"合并计算"对话框,如图 2-65 所示。

STEP 3 在打开的"合并计算"对话框中单击"函数"下拉列表框，在弹出的列表中选择"求和"，接着在"引用位置"文本框中输入"南京!$B$3:$D$6"，然后单击"添加"按钮，将输入的引用位置添加到"所引用位置"列表。

STEP 4 接着使用相同的方法将"温州! $B$3:$D$6"添加到"所引用位置"列表中。

STEP 5 单击"确定"按钮，在"汇总"工作表中即可得到合并求和计算的结果，如图2-66所示。

图 2-65 "合并计算"对话框   图 2-66 合并求和计算结果

（2）合并求平均值计算

STEP 1 在"汇总"工作表中选中存放合并计算结果的单元格区域 B3:D6，单击"数据"标签，在"数据工具"选项组中单击"合并计算"命令。

STEP 2 在打开的"合并计算"对话框中单击"函数"下拉列表框，在弹出的列表中选择"平均值"，接着在"引用位置"文本框中输入"南京!$B$3: $D$6"，然后单击"添加"按钮，将输入的引用位置添加到"所引用位置"列表中，如图2-67所示。

STEP 3 接着使用相同的方法将"温州!$B$3:$D$6"添加到"所引用位置"列表中。

STEP 4 单击"确定"按钮，在"汇总"工作表中即可得到合并求平均值计算的结果，如图2-68所示。

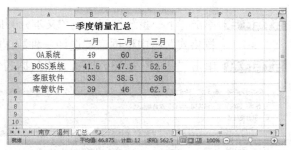

图 2-67 "合并计算"对话框   图 2-68 合并平均值计算结果

2.3.5 数据分列

在 Excel 中，分列是对某一数据按一定的规则分成两列以上。分列时，选择要进行分列的数据列或区域，再从数据菜单中选择分列，分列按照向导进行即可。关键是分列的规则，比如有固定列宽分列，但一般应视情况选择某些特定的符号进行分列，如空格、逗号、分号等。

（1）使用分隔符对单元格数据分列

STEP 1 选中需要分列的单元格或单元格区域（本例选中的单元格数据中的"省"和"市"

之间都有一个空格），单击"数据"选项卡，在"数据工具"选项组中单击"分列"按钮，如图 2-69 所示。

图 2-69 单击"分列"按钮

STEP 2 在弹出的"文本分列向导 – 第 1 步，共 3 步"对话框中，选中"分隔符"单选项，接着单击"下一步"按钮，在"文本分列向导 – 第 2 步，共 3 步"对话框中的"分隔符号"栏中选中"空格"复选框，在下面的"数据预览"栏中可以看到分隔后的效果，如图 2-70 所示。

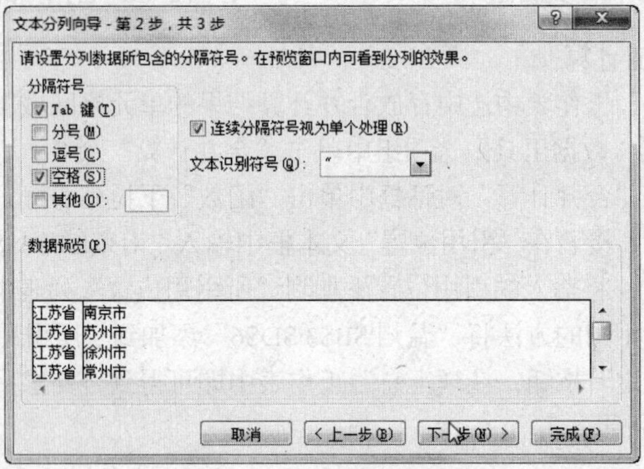

图 2-70 文本分列向导

STEP 3 单击"下一步"按钮，在"文本分列向导 – 第 3 步，共 3 步"对话框中的"列数据格式"栏中根据需要选择一种数据格式，如"常规"，如图 2-71 所示。

STEP 4 单击"完成"按钮，即可完成数据的分列，如图 2-72 所示。

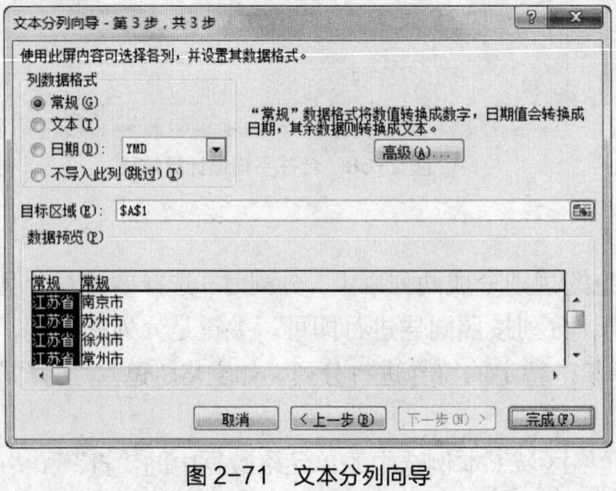

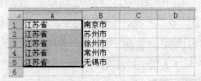

图 2-71 文本分列向导

图 2-72 分列结果

（2）设置固定宽度对单元格数据分列

STEP 1 选中需要分列的单元格或单元格区域（本例中选中的单元格数据中的"省"和"市"之间都有一个空格），在"数据"→"数据工具"选项组中单击"分列"按钮。

STEP 2 在弹出的"文本分列向导 – 第1步，共3步"对话框中，选中"固定宽度"单选项，然后单击"下一步"按钮。

STEP 3 在"文本分列向导 – 第2步，共3步"对话框中的"数据预览"栏中需要分列的位置单击鼠标左键，接着会显示出一个分列线，分列线所在的位置就是分列的位置，单击"下一步"按钮。在"文本分列向导 – 第3步，共3步"对话框中的"列数据格式"栏中根据需要选择一种数据格式，如"文本"，如图2-73所示。

STEP 4 单击"完成"按钮，即可完成数据的分列，结果如图2-74所示。

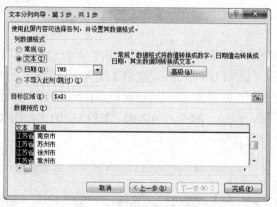

图2-73　文本分列向导　　　　　　图2-74　分列结果

2.3.6　课后加油站

1. 考试重点分析

本节的数据处理涉及数据的排序、筛选、分类汇总、合并计算、数据分列等。本节介绍的操作一般用于较大型数据表的处理。

2. 过关练习

练习1：在"学生成绩表"中，按总分进行降序排序。

练习2：在"学生成绩表"中，语文分数按降序排列，语文分数相同的再按数学分数降序排列，语文和数学分数都相同，再按外语分数降序排列。

练习3：在"学生成绩表"中，筛选出外语分数大于90分的学生。

练习4：在"学生成绩表"中，筛选出外语分数大于90分或者语文分数大于等于90分的学生。

练习5：对各分公司工资进行分类汇总并求出每个分公司中各部门工资的最大值。

2.4　公式、函数的使用

Excel除了可进行一般的表格处理工作外，数据计算功能是其主要功能之一。公式就是进行计算和分析的等式，它可以对数据进行加、减、乘、除等运算，也可以对文本进行比较等。

函数是Excel预定义的内置公式，可以进行数学、文本和逻辑的运算或查找工作表的数据，与使用公式相比，使用函数的速度更快，同时出错的概率更小。

2.4.1 公式基础

1. 标准公式

单元格中只能输入常数和公式。公式以"="开头，后面是用运算符把常数、函数、单元格引用等连接起来的有意义的表达式。在单元格中输入公式后，按回车键即可确认输入，这时显示在单元格中的将是公式计算的结果。函数是公式的重要成分。

标准公式的形式为"=操作数和运算符"。

操作数为具体引用的单元格、区域名、区域、函数及常数。

运算符表示执行哪种运算，具体包括以下运算符。

- 算术运算符：( )、%、^、*、/、+、−。
- 文本字符运算符：&（它将两个或多个文本连接为一个文本）。
- 关系运算符：=、>、>=、<=、<、<>（按照系统内部的设置比较两个值，并返回逻辑值"TRUE"或"FALSE"）。
- 引用运算符：引用是对工作表的一个或多个单元格进行标识，以告诉公式在运算时应该引用的单元格。引用运算符包括：(区域)、(联合)、空格(交叉)。区域表示对包括两个引用在内的所有单元格进行引用；联合表示产生由两个引用合成的引用；交叉表示产生两个引用的交叉部分的引用。例如，A1:D4；B2:B6，E3:F5；B1:E4, C3:G5。
  运算符的优先级：算术运算符>字符运算符>关系运算符。

2. 创建及更正公式

（1）创建和编辑公式

选定单元格，在其单元格中或其编辑栏中输入或修改公式（见图 2-75），根据"销售统计表"中各员工的销售量，计算总销售量。操作：单击 C10 单元格，输入"=SUM(C2:C8)"，然后按回车键或单击编辑栏中的"√"按钮。

如果需要对公式进行修改，可以双击 C10 单元格，直接修改即可。

（2）更正公式

Excel 提供了几种不同的工具可以帮助查找和更正公式的问题。

图 2-75　创建计算总销售量的公式

- 监视窗口：在"公式"→"公式审核"选项组中单击"监视窗口"按钮，显示"监视窗口"工具栏，在该工具栏上观察单元格以及其中的公式，甚至可以在看不到单元格的情况下进行。
- 公式错误检查：就像语法检查一样，Excel 用一定的规则检查公式中出现的问题。这些规则不保证电子表格不出现问题，但是对找出普通的错误会大有帮助。

问题可以用两种方式检查出来，一种是每次像拼写检查一样，另一种是立即显示在所操作的工作表中。当找出问题时会有一个三角显示在单元格的左上角，单击该单元格，在其旁边会出现一个按钮，单击此按钮出现选项菜单，如图 2-76 所示，其中的第一项是发生错误的原因，可根据需要选择编辑修改、忽略错误、错误检查等操作来解决问题。

常出现的错误的值包括以下几个。

图 2-76　错误及更正选项

- #DIV/0!：被除数字为零。
- #N/A：数值对函数或公式不可用。
- #NAME？：不能识别公式中的文本。
- #NULL!：使用了并不相交的两个区域的交叉引用。
- #NUM!：公式或函数中使用了无效数字值。
- #REF!：无效的单元格引用。
- #VALUE!：使用了错误的参数或操作数类型。
- #####：列不够宽，或者使用了负的日期或负的时间。

（3）复制公式

对 Excel 函数公式可以像一般的单元格内容那样进行“复制”和“粘贴”操作。复制公式可以避免大量重复输入相同公式的操作，下面介绍利用填充柄复制公式，操作方法如下所述。

选定原公式单元格，将鼠标指针指向该单元格的右下角，鼠标指针会变为黑色的十字型填充柄。此时按住鼠标左键向下或向右等方向拖曳，就可以将公式复制到其他的单元格区域。

2.4.2 函数基础

Excel 中自带了很多函数，函数按类别可分为文本和数据、日期与时间、数学和三角、逻辑、财务、统计、查找和引用、数据库、外部、工程、信息等函数。

函数的一般形式为“函数名（参数 1，参数 2…）”，参数是函数要处理的数据，它可以是常数、单元格、区域名、区域和函数。

下面介绍几个常用函数。

- SUM：对数值求和。它是数字数据的默认函数。
- COUNT：统计数据值的数量。COUNT 是除了数字型数据以外其他数据的默认函数。
- AVERAGE：求数值平均值。
- MAX：求最大值。
- MIN：求最小值。
- PRODUCT：求数值的乘积。
- AND：如果其所有参数为 TRUE，则返回 TRUE，否则返回 FALSE。
- IF：指定要执行的逻辑检验。执行真假值判断，根据逻辑计算的真假值，返回不同结果。
- NOT：对其参数的逻辑值求反。
- OR：只要有一个参数为 TRUE，则返回 TRUE，否则返回 FALSE。

用户可以在公式中插入函数或者直接输入函数来进行数据处理。直接输入函数更为快捷，但必须记住该函数的用法。

例如，利用 AVERAGE 函数计算如图 2-77 所示的“销售统计表”中的平均销售量，步骤如下所述。

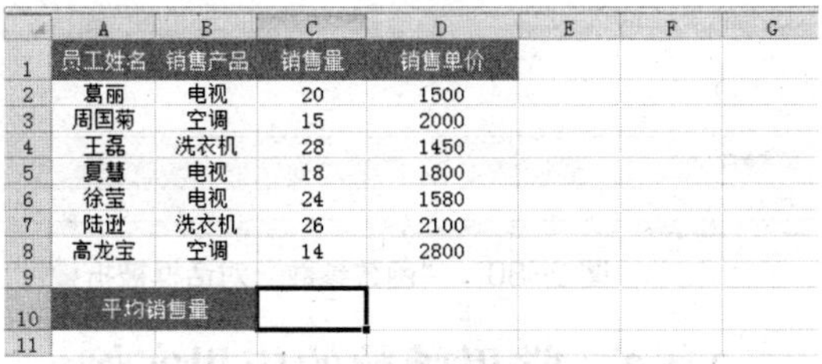

	A	B	C	D	E	F	G
1	员工姓名	销售产品	销售量	销售单价			
2	葛丽	电视	20	1500			
3	周国菊	空调	15	2000			
4	王磊	洗衣机	28	1450			
5	夏慧	电视	18	1800			
6	徐莹	电视	24	1580			
7	陆逊	洗衣机	26	2100			
8	高龙宝	空调	14	2800			
9							
10	平均销售量						
11							

图 2-77　销售统计表

STEP 1 选中要插入函数的单元格，此例为 C10。

STEP 2 单击“公式”选项卡下的“插入函数”按钮 *fx*，打开其对话框，如图 2-78 所示。

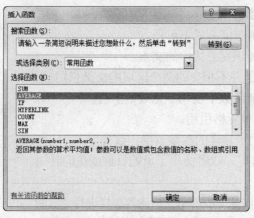

图 2-78 "插入函数"对话框

STEP 3 从"选择函数"列表框中选择平均值函数"AVERAGE",单击"确定"按钮,打开"函数参数"对话框,如图 2-79 所示。

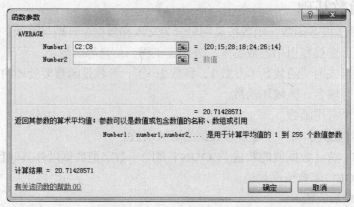

图 2-79 "函数参数"对话框

STEP 4 在"函数参数"框中已经有默认单元格区域"C2:C8",如果该区域无误,单击"确定"按钮。如果该区域有误,单击折叠按钮,"函数参数"对话框被折叠,如图 2-80 所示,可以拖动鼠标光标重新选择单元格区域,再单击折叠按钮,展开"函数参数"对话框,最后单击"确定"按钮。计算结果如图 2-81 所示。

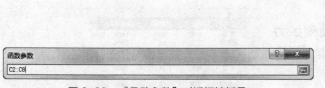

图 2-80 "函数参数"对话框被折叠

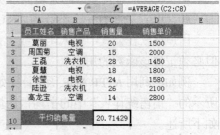

图 2-81 操作结果

2.4.3 常用函数的应用实例

Excel 2010 中提供的函数类型非常多,利用不同的函数可以实现不同的功能。下面介绍一些常见函数的使用。

1. 根据销售数量与单价计算总销售额

⊙ 实例描述：表格中统计了各产品的销售数量与单价。

⊙ 达到目的：要求用一个公式计算出所有产品的总销售金额。

选中 B8 单元格，在公式编辑栏中输入公式：

```
=SUM(B2:B6*C2:C6)
```

按 Ctrl+Shift+Enter 组合键得出结果，如图 2-82 所示。

2. 用通配符对某一类数据求和

⊙实例描述：表格中统计了各服装（包括男女服装）的销售金额。

⊙达到目的：要求统计出女装的合计销售金额。

选中 E2 单元格，在公式编辑栏中输入公式：

```
=SUMIF(B2:B13,"*女",C2:C13)
```

按 Enter 键得出结果，如图 2-83 所示。

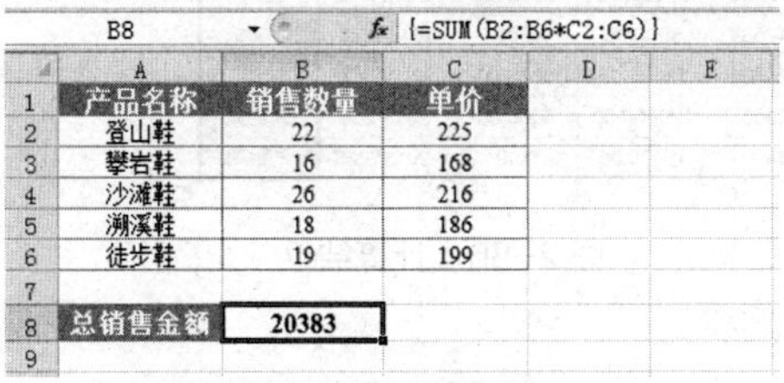

B8　{=SUM(B2:B6*C2:C6)}

	A	B	C
1	产品名称	销售数量	单价
2	登山鞋	22	225
3	攀岩鞋	16	168
4	沙滩鞋	26	216
5	溯溪鞋	18	186
6	徒步鞋	19	199
7			
8	总销售金额	20383	

图 2-82　计算结果

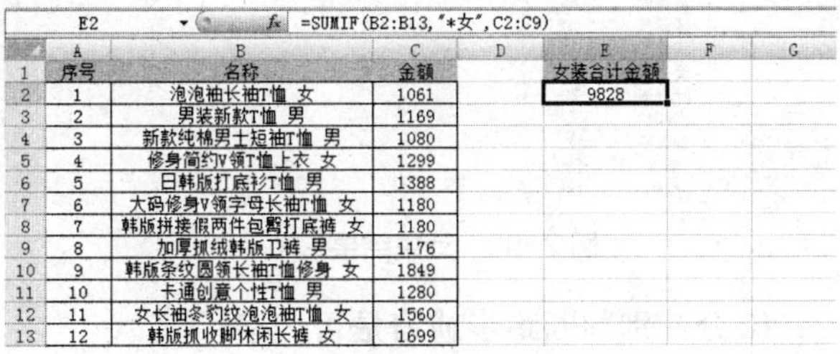

E2　=SUMIF(B2:B13,"*女",C2:C9)

	A	B	C	D	E
1	序号	名称	金额		女装合计金额
2	1	泡泡袖长袖T恤 女	1061		9828
3	2	男装新款T恤 男	1169		
4	3	新款纯棉男士短袖T恤 男	1080		
5	4	修身简约V领T恤上衣 女	1299		
6	5	日韩版打底衫T恤 男	1388		
7	6	大码修身V领字母长袖T恤 女	1180		
8	7	韩版拼接假两件包臀打底裤 女	1180		
9	8	加厚抓绒韩版卫裤 男	1176		
10	9	韩版条纹圆领长袖T恤修身 女	1849		
11	10	卡通创意个性T恤 男	1280		
12	11	女长袖冬豹纹泡泡袖T恤 女	1560		
13	12	韩版抓收脚休闲长裤 女	1699		

图 2-83　计算结果

3. 根据业务处理量判断员工业务水平

⊙ 实例描述：表格中记录了各业务员的业务处理量。

⊙ 达到目的：通过设置公式根据业务处理量来自动判断员工业务水平。具体要求如下。

- 当两项业务处理量都大于 20 时，返回结果为"好"；
- 当某一项业务量大于 30 时，返回结果为"好"；
- 否则返回结果为"一般"。

① 选中 D2 单元格，在公式编辑栏中输入公式：

```
=IF(OR(AND(B2>20,C2>20), (B2>30), (C2>30)), "好", "一般")
```

按 Enter 键得出结果。

② 选中 D2 单元格，拖动右下角的填充柄向下复制公式，即可根据 B 列与 C 列中的数量批量判断业务水平，如图 2-84 所示。

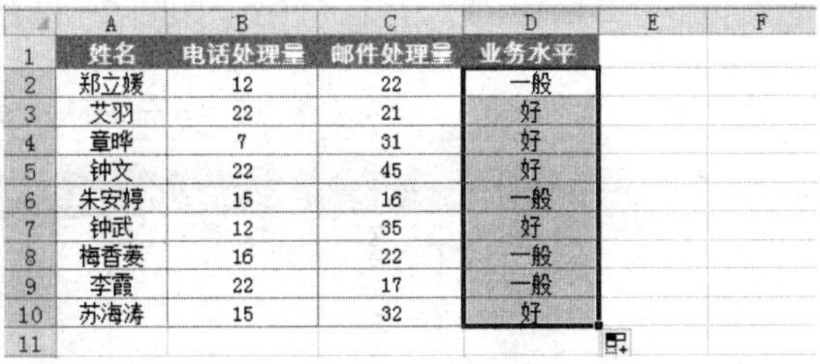

	A	B	C	D
1	姓名	电话处理量	邮件处理量	业务水平
2	郑立媛	12	22	一般
3	艾羽	22	21	好
4	章晔	7	31	好
5	钟文	22	45	好
6	朱安婷	15	16	一般
7	钟武	12	35	好
8	梅香菱	16	22	一般
9	李霞	22	17	一般
10	苏海涛	15	32	好
11				

图 2-84　计算结果

4. 统计数据表中前 5 名的平均值

⊙ 实例描述：表格中统计了学生成绩。

⊙ 达到目的：要求计算成绩表中前 5 名的平均值。

选中 E2 单元格，在公式编辑栏中输入公式：

```
=AVERAGE(LARGE(C2:C12,{1, 2, 3, 4, 5}))
```

按 Enter 键即可统计出 C2:C12 单元格区域中排名前 5 位数据的平均值，如图 2-85 所示。

5. 判断应收账款是否到期

⊙ 实例描述：数据表中记录了各项账款的金额、已收金额、还款日期。

⊙ 达到目的：要求根据到期日期判断各项应收账款是否到期，如果到期（约定超过还款日期 90 天为到期），返回未还的金额；如果未到期，返回"未到期"文字。

① 选中 E2 单元格，在公式编辑栏中输入公式：

=IF(TODAY( )-D2>90,B2-C2,"未到期")

按 Enter 键得出结果。

② 选中 E2 单元格，拖动右下角的填充柄向下复制公式，即可批量得出如图 2-86 所示的结果。

图 2-85　计算结果　　　　　　　　　　　　　　图 2-86　计算结果

6. 分性别判断跑步成绩是否合格

⊙ 实例描述：表格中记录了学生的跑步用时，性别不同，其对合格成绩的要求也不同。

⊙ 达到目的：通过设置公式实现根据性别与跑步成绩返回"合格"或"不合格"。具体要求如下所述。

● 当性别为"男"、用时小于 30 时，返回结果为"合格"。

● 当性别为"女"、用时小于 32 时，返回结果为"合格"。

● 否则返回结果为"不合格"。

① 选中 D2 单元格，在公式编辑栏中输入公式：

=IF(OR(AND(B2="男",C2<30),AND(B2="女",C2<32)),"合格","不合格")

按 Enter 键得出结果。

② 选中 D2 单元格，拖动右下角的填充柄向下复制公式，即可根据 C 列中的数据批量判断每位学生的跑步成绩是否合格，如图 2-87 所示。

姓名	性别	200米用时(秒)	是否合格
郑立媛	女	30	合格
钟杨	男	27	合格
艾羽	女	33	不合格
章晔	男	28	合格
钟文	男	30	不合格
朱安婷	女	31	合格
钟武	男	26	合格
梅香菱	女	30	合格
李霞	女	29	合格
苏海涛	男	31	不合格

图 2-87　计算结果

2.4.4　课后加油站

1.考试重点分析

本节主要讲解了 Excel 中公式与函数的相关知识，主要包括编辑公式、数据源的相对引用与绝对引用、名称定义、函数的基本使用，以及 IF、SIM、AVERAGE 等常用函数的使用。

2.过关练习

练习 1：将学生成绩按从大到小排列。

练习 2：计算今天是星期几。

练习 3：分性别判断成绩是否合格。

2.5　数据透视表（图）的使用

2.5.1　数据透视表概述与组成元素

1.数据透视表概述

数据透视表是一种交互的、交叉制表的 Excel 报表，用于对多种来源的数据进行汇总和分析。

数据透视表有机地综合了数据排序、筛选、分类汇总等数据分析的优点，可方便地调整分类汇总的方式，灵活地以多种不同方式展示数据的特征。建立数据表之后，通过鼠标拖动来调节字段的位置可以快速获取不同的统计结果，即表格具有动态性。

对于数量众多、以流水账形式记录、结构复杂的工作表，为了将其中的一些内在规律显现出来，可将工作表重新组合并添加算法，即可以建立数据透视表。数据透视表是专门针对以下用途设计的。

- 以多种方式查询大量数据。
- 按分类和子分类对数据进行汇总，创建自定义计算和公式。
- 展开或折叠要关注结果的数据级别，查看感兴趣区域汇总数据的明细。
- 将行移动到列或将列移动到行（或"透视"），以查看源数据的不同汇总。
- 对最有用和最关注的数据子集进行筛选、排序、分组和有条件地设置格式，以获取所需要的数据。

2.数据透视表组成元素

数据透视表由下列元素组成。

- 页字段：页字段用于筛选整个数据透视表，是数据透视表中指定为页方向的源数据列表中的字段。
- 行字段：行字段是在数据透视表中指定为行方向的源数据列表中的字段。
- 列字段：列字段是在数据透视表中指定为列方向的源数据列表中的字段。
- 数据字段：数据字段提供要汇总的数据值。可用求和函数、平均值函数合并数据字段的数据。

2.5.2　数据透视表的新建

利用数据透视表可以进一步分析数据，得到更为复杂的结果。下面以"费用支出记录表"（见图 2-88）为例，创建数据透视表，操作步骤如下。

STEP 1 单击需要建立数据透视表的数据清单中任意一个单元格。

STEP 2 在"插入"→"表格"选项组中单击"数据透视表"按钮，打开"创建数据透视表"对话框，如图 2-89 所示。

STEP 3 在"请选择要分析的数据"栏中，选中"选择一个表或区域"单选项，在"表/区域"文本框中输入或使用鼠标选取引用位置，如"Sheet1!$A$2:$F$26"。

费 用 支 出 记 录 表					
日期	费用类别	产生部门	支出金额	摘要	负责人
2月5日	办公费	行政部	¥4,650.00	办公用品采购	张新义
2月5日	招聘、培训费	人事部	¥800.00	人员招聘	周芳
2月5日	通讯费	行政部	¥22.00	EMS	何洁丽
2月6日	餐饮费	人事部	¥1,000.00		王辉
2月6日	业务拓展费	企划部	¥1,500.00	2月8日会展中心展位费	黄丽
2月6日	差旅费	企划部	¥500.00	吴鸿飞出差青岛	吴鸿飞
2月9日	招聘、培训费	人事部	¥398.00	培训教材	沈涛
2月9日	通讯费	销售部	¥258.00	快递	张华
2月9日	业务拓展费	企划部	¥1,560.00	车身广告	黄丽
2月10日	通讯费	行政部	¥2,985.00	固定电话费	何洁丽
2月11日	外加工费	企划部	¥38,000.00	支付包装袋货款	伍琳
2月11日	会务费	行政部	¥2,200.00		黄毅
2月11日	交通费	销售部	¥500.00		李佳静
2月13日	差旅费	销售部	¥800.00	刘洋出差威海	刘洋
2月13日	交通费	销售部	¥180.00		刘芳
2月16日	会务费	企划部	¥5,000.00		黄丽
2月16日	餐饮费	销售部	¥950.00	与瑞景科技客户	张华
2月16日	办公费	行政部	¥500.00		张新义
2月18日	业务拓展费	企划部	¥5,000.00		黄丽
2月18日	交通费	销售部	¥15.00		金晶
2月19日	差旅费	生产部	¥285.00		苏阅
2月20日	外加工费	企划部	¥2,200.00	支付包装绳货款	伍琳
2月21日	办公费	行政部	¥338.00		李建琴
2月21日	餐饮费	销售部	¥690.00		刘洋

图 2-88 单击任意单元格

图 2-89 "创建数据透视表"对话框

STEP 4 在"选择放置数据透视表的位置"栏中选中"现有工作表"单选项，在"位置"文本框中输入数据透视表的存放位置，如"Sheet1!$H$3"，如图 2-90 所示。

STEP 5 单击"确定"按钮，一个空的数据透视表将添加到指定的位置，并显示数据透视表字段列表，以便用户可以添加字段、创建布局和自定义数据透视表，如图 2-91 所示。

图 2-90 开始创建数据透视表

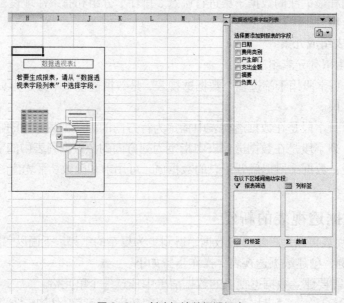

图 2-91 创建初始数据透视表

2.5.3 数据透视表的编辑

默认建立的数据透视表只是一个框架，要得到相应的分析数据，则需要根据实际需要合理地设置字段，同时也需要进行相关的设置操作。

（1）添加字段

STEP 1 在右侧的字段列表中选中"产生部门"字段，然后单击鼠标右键，弹出快捷菜单，单击"添加到行标签"命令（见图 2-92），即可让字段显示在指定位置，同时数据透视表也作相应的显示（即不再为空）。

STEP 2 按相同的方法可以添加"支出金额"字段到"数值"列表中，此时可以看到数据透视表中统计了各个部门支出金额的合计值，如图 2-93 所示。

图 2-92　添加字段

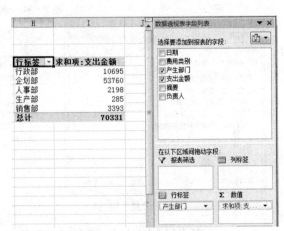

图 2-93　添加字段后的统计效果

（2）删除字段

要实现不同的统计结果，需要不断地调整字段的布局，因此对于之前设置的字段，如果不需要可以将其从"列标签"或"行标签"中删除，在"字段列表"中取消其前面的选中状态即可删除。

（3）更改默认的汇总方式

当设置了某个字段为数值字段后，数据透视表会自动对数据字段中的值进行合并计算。数据透视表通常为包含数字的数据字段使用 SUM 函数（求和），而为包含文本的数据字段使用 COUNT 函数（求和）。如果想得到其他的统计结果，如求最大最小值、求平均值等，则需要修改对数值字段中值的合并计算类型。

STEP 1 设置"费用类别"字段为"行标签"字段，设置"支出金额"字段为"数值"字段（默认汇总方式为"求和"）。在"数值"列表框中单击"支出金额"数值字段，打开下拉菜单，选择"值字段设置"命令，如图 2-94 所示。

STEP 2 打开"值字段设置"对话框。选择"值汇总方式"标签，在列表框中可以选择汇总方式，如此处选择"计数"（见图 2-95）。单击"确定"按钮即可更改默认的求和汇总方式为计数，即统计出各个类别费用的支出次数，结果如图 2-96 所示。

图 2-94 添加字段

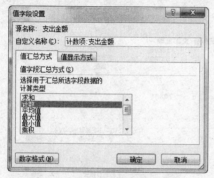

图 2-95 "值字段设置"对话框

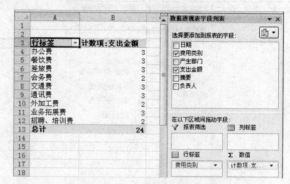

图 2-96 设置后的效果

2.5.4 数据透视表的设置与美化

建立数据透视表之后，在"数据透视表工具"→"设计"菜单的"布局"选项组中提供了相应的布局选项，可以设置分类汇总项的显示位置、是否显示总计项，调整新的报表布局等。另外，在 Excel 2010 中还提供了可以直接套用的数据透视表样式，方便快速美化编辑完成的数据透视表。

（1）设置分类汇总项的显示位置

当行标签或列标签不只一个字段时，则会产生一个分类汇总项，该分类汇总项默认显示在组的顶部，可以通过设置更改其默认显示位置。

STEP 1 选中数据透视表，单击"数据透视表工具"→"设计"菜单，在"布局"选项组中单击"分类汇总"按钮。

STEP 2 在下拉菜单中单击"在组的底部显示所有分类汇总"命令，可看到数据透视表中组的底部显示了汇总项。

（2）设置是否显示总计项

选中数据透视表，单击"数据透视表工具"→"设计"菜单，在"布局"选项组中单击"总计"按钮，在打开的下拉菜单中可以选择是否显示"总计"项，或在什么位置上显示"总计"。

（3）美化数据透视表

STEP 1 选中数据透视表的任意单元格，单击"数据透视表工具"→"设计"菜单，在"数据透视表样式"选项组中可以选择套用的样式，单击右侧的按钮可打开下拉菜单，有多种样式可供选择，如图 2-97 所示。

STEP 2 选中样式后，单击鼠标即可应用到当前数据透视表中。

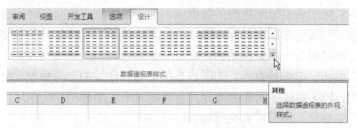

图 2-97 选择美化数据透视表样式

2.5.5 课后加油站

1. 考试重点分析

考生必须掌握数据透视表的创建、编辑等设置，从而提高考生的数据分析能力。

2. 过关练习

练习 1：根据销售清单将"电脑品牌"作为行字段，"销售地"作为列字段，"销售金额"作为数据项，制作如图 2-98 所示的数据透视表。

图 2-98 数据透视表

练习 2：移动练习 1 中建立的数据透视表。

练习 3：刷新练习 1 中建立的数据透视表。

练习 4：删除练习 1 中建立的数据透视表。

2.6 图表的使用

2.6.1 图表结构与分类

1. 图表结构

Excel 中的图表有两种，一种是嵌入式图表，它和创建图表的数据源放置在同一张工作表中；另一种是独立图表，它是一张独立的图表工作表。

Excel 为用户建立直观的图表提供了大量的预定义模型，每一种图表类型又有若干种子类型。此外，用户还可以自己定制格式。

图表的组成如图 2-99 所示。

● 图表区：整个图表及包含的所有对象。

- 图表标题：图表的标题。
- 数据系列：在图表中绘制的相关数据点，这些数据源自数据表的行或列。每个数据系列具有唯一的颜色或图案并且在图表的图例中表示。可以在图表中绘制一个或多个数据系列。饼图只有一个数据系列。
- 坐标轴：绘图区边缘的直线，为图表提供计量和比较的参考模型。分类轴（x轴）和数值轴（y轴）组成了图表的边界并包含相对于绘制数据的比例尺，z轴用于三维图表的第三坐标轴。饼图没有坐标轴。

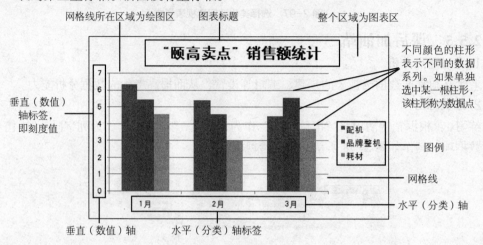

图 2-99　图表示例

- 网格线：从坐标轴刻度线延伸开来并贯穿整个绘图区的可选线条系列。网格线使用户查看和比较图表的数据更为方便。
- 图例：用于标记不同数据系列的符号、图案和颜色，每一个数据系列的名字作为图例的标题，可以把图例移到图表中的任何位置。

2. 常用图表类型与应用

对于初学者而言，如何根据当前数据源选择一个合适的图表类型是一个难点。不同的图表类型其表达重点有所不同，因此，首先要了解各类型图表的应用范围，学会根据当前数据源以及分析目的选用最合适的图表类型。

（1）柱形图

柱形图显示一段时间内数据的变化，或者显示不同项目之间的对比。柱形图是最常用的图表之一，其具有如表 2-2 所示的子图表类型。

表 2-2　柱形图类型

类　型	功　　能	示　　意	优点及注释
簇状柱形图	用于比较类别间的值	**各店铺营业额比较** （柱形图：顺达店、乐达广场店、鸿业店、百货大楼店，图例：数码设备（万元）、通信设备（万元））	从图表中可直观比较各店铺中两种不同设备的营业额多少

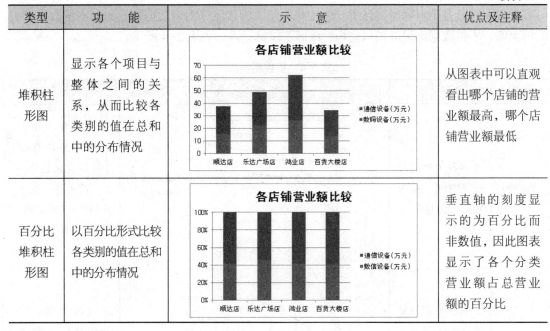

类型	功 能	示 意	优点及注释
堆积柱形图	显示各个项目与整体之间的关系，从而比较各类别的值在总和中的分布情况	各店铺营业额比较（柱形图）	从图表中可以直观看出哪个店铺的营业额最高，哪个店铺营业额最低
百分比堆积柱形图	以百分比形式比较各类别的值在总和中的分布情况	各店铺营业额比较（百分比柱形图）	垂直轴的刻度显示的为百分比而非数值，因此图表显示了各个分类营业额占总营业额的百分比

（2）条形图

条形图是显示各个项目之间的对比，主要用于表现各项目之间的数据差额。它可以看成是顺时针旋转 90 度的柱形图，因此条形图的子图表类型与柱形图基本一致，各种子图表类型的用法与用途也基本相同，如表 2-3 所示。

表 2-3　条形图类型

类型	功 能	示 意	优 点
簇状条形图	用于比较类别间的值	各店铺营业额比较（条形图）	垂直方向表示类别（如不同店铺），水平方向表示各类别的值（销售额）
堆积条形图	显示各个项目与整体之间的关系，从而比较各类别的值在总和中的分布情况	各店铺营业额比较（堆积条形图）	从图表中可以直观看出哪个店铺的营业额最高，哪个店铺营业额最低
百分比堆积条形图	以百分比形式比较各类别的值在总和中的分布情况		

（3）折线图

折线图显示各个值随时间或类别的变化趋势。折线图分为带数据标记的与不带数据标记的两大类，不带数据标记是指只显示折线而不带标记点，如表2-4所示。

表2-4　折线图类型

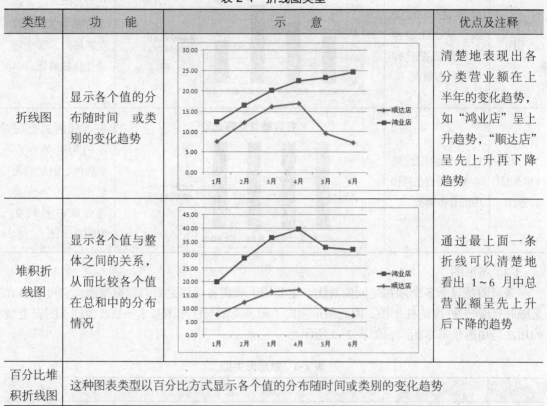

类型	功　能	示　意	优点及注释
折线图	显示各个值的分布随时间或类别的变化趋势		清楚地表现出各分类营业额在上半年的变化趋势，如"鸿业店"呈上升趋势，"顺达店"呈先上升再下降趋势
堆积折线图	显示各个值与整体之间的关系，从而比较各个值在总和中的分布情况		通过最上面一条折线可以清楚地看出 1~6 月中总营业额呈先上升后下降的趋势
百分比堆积折线图	这种图表类型以百分比方式显示各个值的分布随时间或类别的变化趋势		

（4）饼图

饼图显示组成数据系列的项目在项目总和中所占的比例。饼图通常只显示一个数据系列（建立饼图时，如果有几个系列同时被选中，那么图表只绘制其中一个系列）。饼图有饼图与复合饼图两种类别，如表2-5所示。

表2-5　饼图类型

类型	功　能	示　意	优点及注释
饼图	显示各个值在总和中的分布情况	销售金额占比情况 ■配机 ■品牌整机 ■耗材	可直观看到各分类销售金额占比情况

类型	功 能	示　意	优点及注释
复合饼图	是一种将用户定义的值提取出来并显示在另一个饼图中的饼图	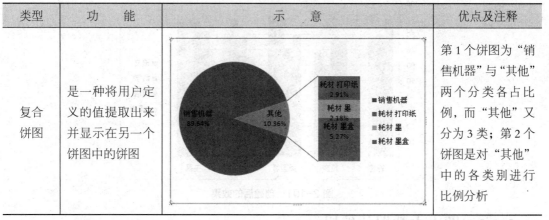	第1个饼图为"销售机器"与"其他"两个分类各占比例,而"其他"又分为3类;第2个饼图是对"其他"中的各类别进行比例分析

除了上面介绍的几种图表类型外,还有 XY 图(散点图)、股价图、气泡图、曲面图几种图表类型。这几种图表类型一般用于专用数据的分析,如股价数据、工程数据、数学数据等。

2.6.2　图表的新建

创建图表的一般步骤是:先选定创建图表的数据区域。选定的数据区域可以连续,也可以不连续。注意,如果选定的区域不连续,每个区域所在行或所在列有相同的矩形区域;如果选定的区域有文字,文字应在区域的最左列或最上行,以说明图表中数据的含义。建立图表的具体操作步骤如下。

STEP 1　选定要创建图表的数据区域。

STEP 2　单击"插入"→"图表"选项组右下角的 按钮,打开"插入图表"对话框,在对话框中选择要创建的图表类型,图 2-100 所示。

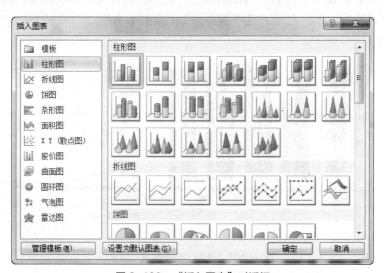

图 2-100　"插入图表"对话框

STEP 3　选择一种柱形图样式,如"三维簇状柱形图",设置完成后,单击"确定"按钮,效果如图 2-101 所示。

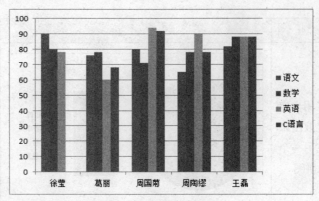

图 2-101　创建后的效果

2.6.3　图表中数据的编辑

编辑图表是指对图表及图表中各个对象进行编辑，包括数据的增加、删除，图表类型的更改，图表的缩放、移动、复制、删除，数据格式化等。

一般情况下，先选中图表，再对图表进行具体的编辑。当选中图表时，"数据"菜单自动变为"图表"菜单，而且"插入"菜单"格式"菜单中的命令也自动做相应的变化。

1.编辑图表中的数据

（1）增加数据

要给图表增加数据系列，用鼠标右键单击图表中的任意位置，在弹出的快捷菜单中选择"选择数据"命令，打开"选择数据源"对话框，接着单击"添加"按钮。

打开"编辑数据系列"对话框，在对话框中设置需要添加的系列名称和系列值。

例如，在成绩表中增加"PS"数据系列，方法如下所述。

STEP 1　用鼠标右键单击图表中的任意位置，在弹出的快捷菜单中选择"选择数据"命令（见图 2-102），打开"选择数据源"对话框，如图 2-103 所示。

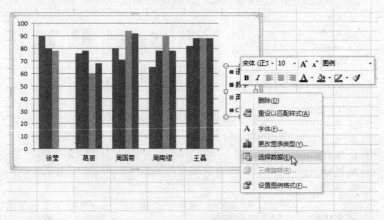

图 2-102　选中"选择数据"命令

STEP 2　在"图例项（系列）"列表中单击"添加"按钮，打开"编辑数据系列"对话框。

STEP 3　将光标定位在"系列名称"文本框中，在表格中选中"F2"单元格，接着将光标定位在"系列值"文本框中，在表格中选中"C3:F7"单元格区域，如图 2-104 所示。

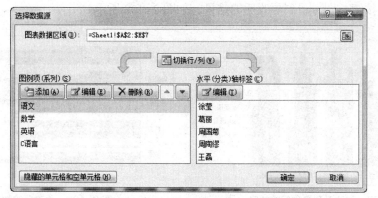

图 2-103　"选择数据源"对话框

STEP 4 连续两次单击"确定"按钮，即可将 F3:F7 单元格区域中的数据添加到图表中，如图 2-105 所示。

图 2-104　"编辑数据系列"对话框

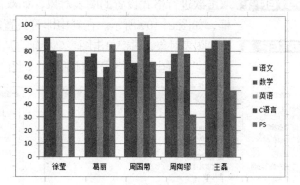

图 2-105　添加数据后的图表

（2）删除数据

删除图表中的指定数据系列，可先单击要删除的数据系列，再单击 Delete 键，或右击数据系列，从快捷菜单中选择"清除"命令即可。

（3）更改系列的名称

用鼠标右键单击图表中的任意位置，在弹出的快捷菜单中选择"选择数据"命令，打开"选择数据源"对话框。在"图例项（系列）"列表中选中需要更改的数据源，接着单击"编辑"按钮，打开"编辑数据系列"对话框。

STEP 1 在"系列名称"文本框中将原有数据删除，接着输入"PS-选修课"（见图 2-106），完成后单击"确定"按钮。

STEP 2 返回到"选择数据源"对话框中，再次单击"确定"按钮即可完成修改，效果如图 2-107 所示。

图 2-106　输入"系列名称"

2. 更改图表的类型

选中图表，单击"设计"标签，在"类型"选项组中单击"更改图表类型"按钮，打开"更改图表类型"对话框。

在对话框左侧选择一种合适的图表类型，接着在右侧窗格中选择一种合适的图表样式，单击"确定"按钮，即可看到更改后的结果，如图 2-108 所示。

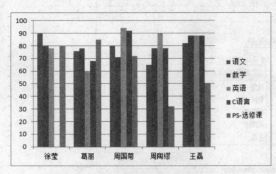

图 2-107　更改系列名称后的效果

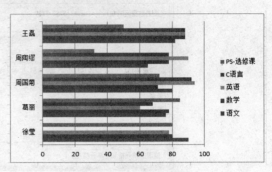

图 2-108　更改后的效果

3. 设置图表格式

设置图表格式是指对图表中各个对象进行文字、颜色、外观等格式的设置。

STEP 1　双击欲进行格式设置的图表对象，如双击图表区，打开"设置图表区格式"对话框，如图 2-109 所示。在其中即可设置图表格式。

STEP 2　指向图表对象，右键单击图表坐标轴，从快捷菜单中选择该图表对象格式设置命令，打开"设置坐标轴格式"对话框，如图 2-110 所示。在其中即可设置坐标轴格式。

图 2-109　"设置图表区格式"对话框

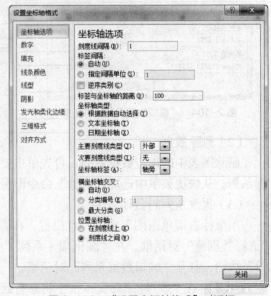

图 2-110　"设置坐标轴格式"对话框

2.6.4　课后加油站

1. 考试重点分析

考生必须掌握在 Excel 2010 中创建图表和编辑图表的方法。

2. 过关练习

练习1：利用鼠标选择图表各个对象。

练习2：调整图表大小。

练习3：移动图表。

练习4：删除图表。

2.7 表格的页面设置与打印

工作表创建好后，可以按需求进行页面设置或设置打印数据的区域，然后再预览或打印出来。Excel 也具有默认的页面设置，因此可直接打印工作表。

2.7.1 设置"页面"

STEP 1 在"页面布局"→"页面设置"选项组中单击右下角的 按钮，打开"页面设置"对话框，如图 2-111 所示。

STEP 2 设置"页面"选项卡。

- "方向"和"纸张大小"栏：设置打印纸张方向与纸张大小。
- "缩放"栏：用于放大或缩小打印的工作表，其中"缩放比例"框可在 10%～400%

之间选择。100% 为正常大小，小于 100% 为缩小，大于 100% 为放大。"调整为"框可把工作表拆分为指定页宽和指定页高打印，如指定 2 页宽、2 页高表示水平方向分 2 页，垂直方向分 2 页，共 4 页打印。

- "打印质量"框：设置每英寸打印的点数，数字越大，打印质量越好。

图 2-111 "页面设置"的"页面"选项卡

注意 打印机不同，其项参数也会不一样。

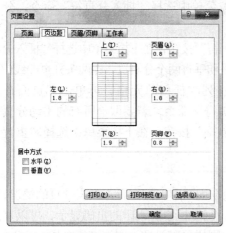

图 2-112 "页面设置"的"页边距"选项卡

- "起始页码"框：设置打印首页页码，默认为"自动"，从第一页或接上一页开始打印。

2.7.2 设置"页边距"

STEP 1 在"页面布局"→"页面设置"选项组中单击右下角的 按钮，打开"页面设置"对话框。单击"页边距"选项卡，如图 2-112 所示。

STEP 2 设置打印数据，距打印页四边的距离、页眉和页脚的距离以及打印数据是水平居中还是垂直居中，默认为靠上靠左对齐。

2.7.3 设置打印区域

打印区域是指不需要打印整个工作表时，打印一个或多个单元格区域。如果工作表包含打印区域，则只打印区域中的内容。

STEP 1 用鼠标光标拖动选定待打印的工作表区域。此例选择"计算机基础成绩单"工作表的 A2:F10 单元格区域，如图 2-113 所示。

STEP 2 单击"页面布局"→"打印区域"按钮，在下拉菜单中选择"设置打印区域"，设置好打印区域，如图 2-114 所示，打印区域边框为虚线。

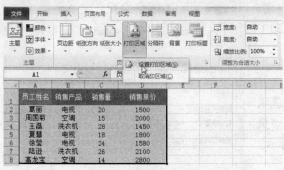

图 2-113　选定打印区域

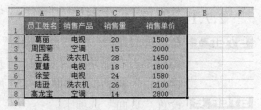

图 2-114　设置好的打印区域

注意

　　　　在保存文档时，会同时保存打印区域，再次打开时设置的打印区域仍然有效。如果要取消打印区域，可单击"页面布局"选项卡，在"页面设置"选项组中单击"打印区域"按钮，在下拉菜单中选择"取消打印区域"。

2.7.4　分页预览与打印

分页是人工设置分页符，Excel 可以进行打印预览以模拟显示打印的设置结果，不满意可重新设置直至满意，再进行打印输出。

1. 添加、删除分页符

一般 Excel 会对工作表进行自动分页，如果需要也可以进行人工分页。

插入水平或垂直分页符操作：在要插入水平或垂直分页符的位置下边或右边选中一行或一列，再单击"页面布局"→"分隔符"按钮，在下拉菜单中选择"插入分页符"命令，分页处出现虚线。

如果选定一个单元格，再单击"页面布局"→"分隔符"按钮，在下拉菜单中选择"插入分页符"命令，则会在该单元格的左上角位置同时出现水平和垂直两个分页符，即两条分页虚线。

删除分页符操作：选择分页虚线的下一行或右一列的任何单元格，再单击"页面布局"→"分隔符"按钮，在下拉菜单中选择"删除分页符"命令。若要取消所有的手动分页符，可选择整个工作表，再单击"页面布局"→"分隔符"按钮，在下拉菜单中选择"重置所有分页符"命令。

2. 分页预览

单击"视图"→"分页预览"命令，可以在分页预览视图中直接查看工作表分页的情况，如图 2-115 所示，粗实线框区域为浅色，是打印区域，每个框中有水印的页码显示，可以直接拖动粗线以改变打印区域的大小。在分页预览视图中同样可以设置、取消打印区域，插入、删除分页符。

3. 打印工作表

单击"文件"→"打印"命令，在右侧的窗口中单击"打印"按钮即可直接打印当前工作表。

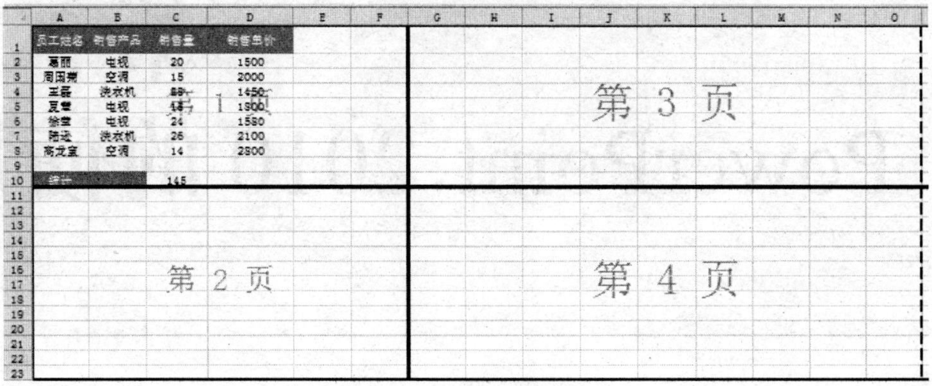

图 2-115 分页预览视图

2.7.5 课后加油站

1.考试重点分析

考生必须掌握需要打印输出的表格的页面设置方法与相关的打印设置方法。

2.过关练习

练习1：重新设置打印纸张。

练习2：设置页面为横向打印。

练习3：打印指定的页。

练习4：一次性打印多份文档。

第 3 章
PowerPoint 2010 的使用

3.1 PowerPoint 2010 的基本操作

3.1.1 新建空白演示文稿

PowerPoint 2010 从空白文稿出发建立演示文稿，用户可以根据自己的需要来制作一个独特的演示文稿。创建空白演示文稿的操作如下所述。

单击"文件"→"新建"→"空白文档"→"创建"，立即创建一个新的空白演示文稿，如图 3-1 所示。

图 3-1　新建空白演示文稿

注意

新创建的空白演示文稿，其临时文件名为"演示文稿 1"，如果是创建第 2 个空白演示文稿，其临时文件名为"演示文稿 2"，其他的文件名依此类推。

3.1.2 根据现有模板新建演示文稿

根据 PowerPoint 2010 内置模板新建演示文稿，新演示文稿的样式与选择的模板样式完全相同。

STEP 1 单击"文件"→"新建"标签，在右侧选中"样本模板"，如图 3-2 所示。

图 3-2 选择"样本模板"

STEP 2 在"样本模板"列表中选择适合的模板，如"项目状态报告"，如图 3-3 所示。

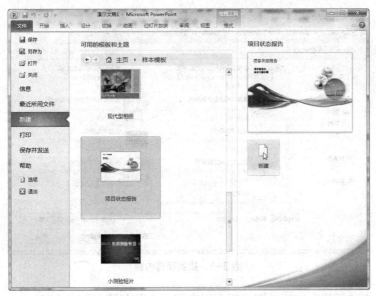

图 3-3 选择"项目状态报告"模板

STEP 3 单击"新建"按钮即可创建一个与样本模板相同的演示文稿。

3.1.3 根据现有演示文稿新建演示文稿

如果想要创建的演示文稿与本机上的演示文稿类型相似，可以直接依据本机上的演示文稿来新建演示文稿。

STEP 1 单击"文件"→"新建"标签，在"可用的模板和主题"区域选择"根据现有内容新建"，如图 3-4 所示。

图 3-4　选择"根据现有内容新建"

STEP 2 打开"根据现有演示文稿新建"对话框,找到需要使用的演示文稿存在路径并选中,如图 3-5 所示。

图 3-5　找到现有内容

STEP 3 单击"新建"按钮,即可根据现有演示文稿创建新演示文稿。

3.1.4　保存演示文稿

创建演示文稿并对其进行编辑后,需要将演示文稿保存到计算机上的指定位置。

STEP 1 单击"文件"→"另存为"标签,如图 3-6 所示。

STEP 2 打开"另存为"对话框,设置文件的保存位置,在"文件名"文本框中输入要保存文稿的名称,如图 3-7 所示。

STEP 3 单击"保存"按钮,即可保存演示文稿。

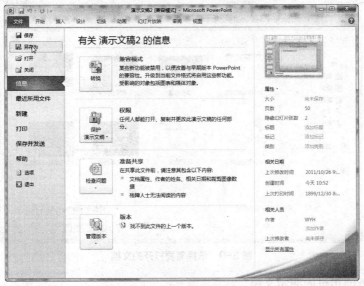

图 3-6 选择"另存为"标签

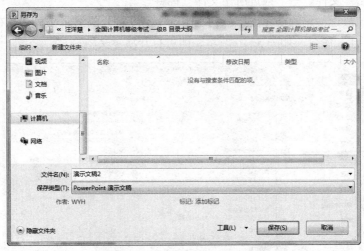

图 3-7 设置保存的文件名和位置

3.1.5 打开演示文稿

PowerPoint 2010 可以打开该版本及之前任一版本下制作的演示文稿和演示文稿模板文件，使其处于激活状态，并显示内容。一般情况下，可通过现有文稿打开其他演示文稿，或者利用最近使用的文档列表打开演示文稿。

1.使用"打开"命令打开演示文稿

STEP 1 单击"文件"→"打开"标签，如图 3-8 所示。

STEP 2 在"打开"对话框中，找到需要打开的文件所在路径并选中，如图 3-9 所示。

STEP 3 单击"打开"按钮，即可打开该演示文稿。

图 3-8 选择"打开"标签

图 3-9　选择需要打开的文档

2.打开最近使用过的演示文稿

STEP 1　单击"文件"→"最近所用文件"标签。

STEP 2　在"最近使用的演示文稿"列表中选中需要打开的演示文稿，在右键菜单中选择
"打开"命令，如图 3-10 所示，即可打开演示文稿。

图 3-10　从最近列表中打开文档

3.1.6　演示文稿视图的应用

PowerPoint 2010 中提供了普通视图、幻灯片浏览视图、备注页视图和阅读视图，各视图
间的集成更合理，使用也比以前的版本更方便。PowerPoint 能够以不同的视图方式来显示演
示文稿的内容，使演示文稿易于浏览、便于编辑。在一种视图中对文稿进行的修改，会自动
反映在其他视图中。

在视图选项标签下的"演示文稿视图"选项组中横排着 4 个视图按钮，利用它们可以在
各视图间切换。

1.普通视图

在普通视图中，可以输入和查看每张幻灯片的主题、小标题以及备注，并且可以移动幻灯片图像和备注页方框，或改变它们的大小。

2.幻灯片浏览视图

在幻灯片浏览视图中可以同时显示多张幻灯片，也可以看到整个演示文稿，因此可以轻松地添加、删除、复制和移动幻灯片。还可以使用"幻灯片浏览"工具栏中的按钮来设置幻灯片的放映时间，选择幻灯片的动画切换方式。幻灯片浏览视图如图 3-11 所示。

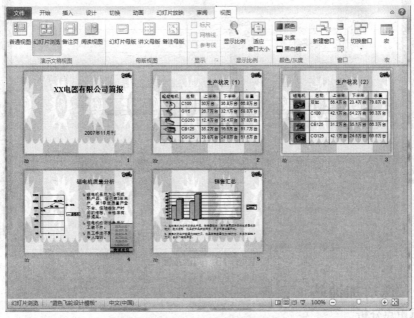

图 3-11　幻灯片浏览视图

3.备注页视图

在备注页视图中，可以输入演讲者的备注。其中，幻灯片缩略图下方带有备注页方框，可以通过单击该方框来输入备注文字。当然，用户也可以在普通视图中输入备注文字。备注页视图如图 3-12 所示。

图 3-12　备注页视图

4.阅读视图

单击"视图"选项卡中"演示文稿视图"选项组中的"阅读视图"按钮,进入阅读视图,如图 3-13 所示,此视图便于阅读。

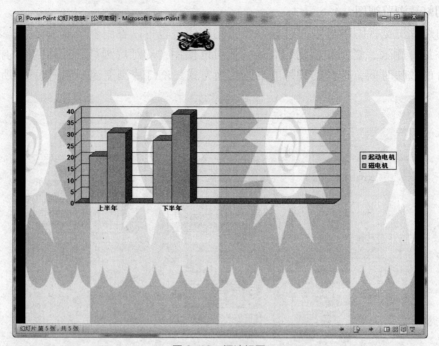

图 3-13 阅读视图

3.1.7 课后加油站

1.考试重点分析

考生必须掌握 PowerPoint 2010 的基本操作知识,包括新建、打开、保存演示文稿,了解演示文稿的各种视图。

2.过关练习

练习 1:创建一个空白演示文档,保持默认名称,保存在 F 盘根目录下。

练习 2:新建演示文稿 2,并使用默认幻灯片母版。

练习 3:将幻灯片切换至幻灯片浏览视图。

练习 4:启动 PowerPoint 2010,并打开"大纲"窗格。

练习 5:将幻灯片浏览视图设置为幻灯片默认视图显示。

练习 6:保存"演示文稿 1"到桌面。

3.2 幻灯片的文本编辑与格式设置

3.2.1 输入与复制文本

PowerPoint 2010 的基本功能是进行文字的录入和编辑工作,本小节主要针对文本录入时的各种技巧进行具体介绍。

1.在占位符中输入文本

STEP 1 在打开的 PowerPoint 演示文稿中,中间有"单击此处添加标题"文字的区框称为占位符，如图 3-14 所示。

STEP 2 将光标置于其中，输入文本，一般为标题性文字。

2. 在大纲视图中输入文本

STEP 1 打开演示文稿，在其界面中功能区左侧下方单击"大纲"按钮，即可进入"大纲"窗格。

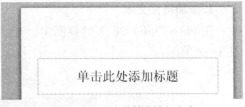

图 3-14　在占位符中输入文本

STEP 2 在"大纲"窗格中，将光标置于需要输入文本的地方，输入所需文字即可，如图 3-15 所示。

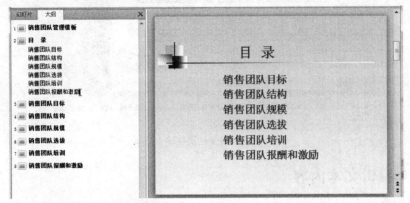

图 3-15　在大纲视图中输入文本

注意

在"大纲"视图中还可以按 Backspace 键删除不需要的文字。如果删除一张幻灯片上的所有文字之后，则会提示是否删除整张幻灯片，用户可以根据需要确定。

3. 通过文本框输入文本

STEP 1 在 PowerPoint 2010 主界面中，在"插入"→"文本"选项组中单击"文本框"下拉按钮（见图 3-16），在其下拉菜单中选择"横排文本框"或"竖排文本框"，单击即可插入。

STEP 2 在文本框中输入文字，如图 3-17 所示。

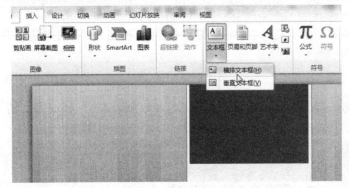

图 3-16　插入文本框

图 3-17　输入文本

4. 添加备注文本

在 PowerPoint 2010 主界面中，可将光标置于备注文本框中，输入相应文字，效果如图 3-18 所示。

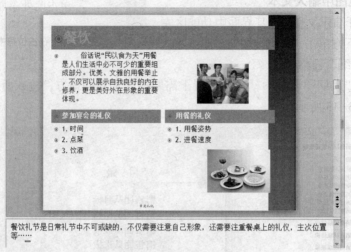

图 3-18　在备注页中输入文本

3.2.2　编辑文本内容

1. 选择文本

STEP 1　打开演示文稿，按 Ctrl+A 组合键即可选中整个演示文稿。

STEP 2　打开演示文稿，按 Ctrl+Home 组合键，将光标移至演示文稿首部，再按 Ctrl+Shift+End 组合键，即可选中整篇演示文稿。

STEP 3　打开演示文稿，按 Ctrl+End 组合键，将光标移至演示文稿尾部，再按 Ctrl+Shift+Home 组合键，即可选中整篇演示文稿。

2. 复制文本

STEP 1　在 PowerPoint 2010 主界面中，选中文本，按 Ctrl+C 组合键，或者用鼠标右击，在属性对话框中单击"复制"按钮。

STEP 2　在幻灯片的合适位置用鼠标右击，在弹出的属性对话框中单击"粘贴"命令，即可复制文本。

3. 删除与撤销删除文本

STEP 1　在幻灯片中，选择需要删除的文本后按 Backspace 键，即可快速删除文本。

STEP 2　撤销删除的文本，只需要在演示文稿主界面的顶部单击 ⤺ 按钮，即可快速撤销删除的文本。

3.2.3　编辑占位符

占位符就是先占住一个固定的位置，供编辑使用。用于幻灯片上就表现为一个虚框，虚框内往往有"单击此处添加标题"之类的提示语，一旦鼠标单击之后，提示语会自动消失，在其中输入文字会带有固定的格式。

1. 利用占位符自动调整文本

在占位符中输入文本，其格式就与占位符的文本格式相一致。

2. 取消占位符自动调整文本

STEP 1 在 PowerPoint 2010 主界面中，单击"文件"→"选项"标签。

STEP 2 在弹出的"PowerPoint 选项"对话框中单击"校对"按钮，在右侧窗口单击"自动更正选项"按钮，如图 3-19 所示。

图 3-19 "PowerPoint 选项"对话框

STEP 3 在弹出的"自动更正"对话框中单击"键入时自动套用格式"选项卡，在"键入时应用"栏下，清除"根据占位符自动调整标题文本"和"根据占位符自动调整正文文本"复选框，单击"确定"按钮即可，如图 3-20 所示。

图 3-20 取消自动调整文本

3.2.4 设置字体格式

在设计 PowerPoint 演示文稿时，对文本的修饰看似简单，但要做到简约而不简单十分不易，需要靠用户根据实际情况灵活应用。

1.通过"字体"栏设置文本格式

通过"字体"栏设置文本格式方便快捷，具体操作如下。

STEP 1 在幻灯片中选择需要设置格式的文本，在"开始"→"字体"选项组中进行设置，如图 3-21 所示。

STEP 2 例如在其中可以选择"加粗，文字阴影，黑色"，设置完成后的效果如图 3-22 所示。

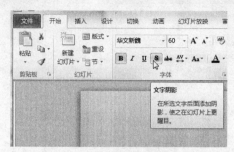

图 3-21　设置字体格式

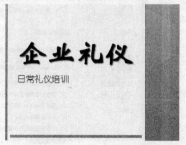

图 3-22　设置后的效果

2.通过浮动工具栏设置文本格式

所谓浮动工具栏，即鼠标右击或选择文本之后，鼠标指针在其上停留几秒钟便可以弹出的字体对话框。用户可以在其中设置字体格式。

STEP 1 在幻灯片中选择需要设置格式的文本，鼠标在其上停留几秒钟，弹出浮动工具栏。

STEP 2 在其中可以选择"倾斜，华文新魏，72，黑色"，设置完成后的效果如图 3-23 所示。

图 3-23　通过浮动工具栏设置文本格式

3.2.5　"字体"对话框的设置

选择文本之后用鼠标右击，不仅可以弹出浮动工具栏，还可以弹出属性对话框。用户可以通过其设置文本格式。

STEP 1 在幻灯片中选择需要设置格式的文本，在"开始"→"字体"选项组中单击 按钮。

STEP 2 打开"字体"对话框，可以在对话框中设置文字的字形、字号、字体颜色、下画线以及各种效果，如图 3-24 所示。

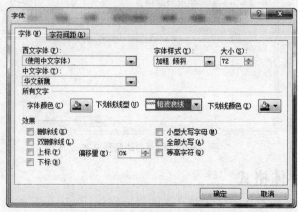

图 3-24　在"字体"对话框中设置

3.2.6 设置段落格式

在设计演示文稿的过程中，为了让输入的大段文字更加美观，用户除了可以设置文本的对齐方式，还可以设置文本段落行间距。

1. 对齐方式设置

在幻灯片中，选中需要设置对齐方式的文本，在"开始"→"段落"选项组中单击选择合适的对齐方式，如文本左对齐，如图 3-25 所示。

2. 行间距设置

在幻灯片中，选中需要设置段落行间距的文本，在"开始"→"段落"选项组中单击 ⬚ 按钮，在其下拉菜单中单击"2.0"，如图 3-26 所示，即可设置行间距为 2.0。

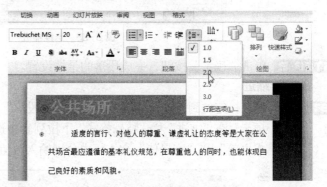

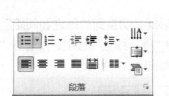

图 3-25　选择对齐方式

图 3-26　设置段落行间距

3.2.7 "段落"对话框的设置

段落缩进是指段落中的行相对于页面左边界或右边界的位置，在对演示文稿中的文字进行设置时，可以通过"段落"对话框来设置文字的段落格式。

1. 缩进设置

STEP 1 将光标定位到要设置的段落中，在"开始"→"段落"选项组中单击 ⬚ 按钮，打开"段落"对话框。切换到"缩进和间距"选项卡，在"缩进"栏设置"文本之前"尺寸，如图 3-27 所示。

图 3-27　"段落"对话框

STEP 2 单击"确定"按钮，完成段落的缩进设置。

2. 悬挂缩进

STEP 1 将光标定位到要设置的段落中，打开"段落"对话框。切换到"缩进和间距"选项卡，在"缩进"栏"特殊格式"下拉列表中选择"悬挂缩进"选项，接着在"文本之前"和"度量值"文本框中分别输入数值，如图 3-28 所示。

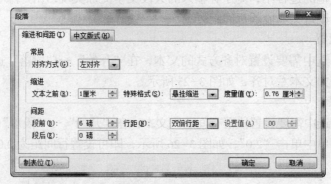

图 3-28　悬挂缩进

STEP 2 单击"确定"按钮，完成段落的悬挂设置。

3. 首行缩进

STEP 1 将光标定位到要设置的段落中，打开"段落"对话框。切换到"缩进和间距"选项卡，在"缩进"栏"特殊格式"下拉列表中选择"首行缩进"选项，接着在"文本之前"和"度量值"文本框中分别输入数值，如图 3-29 所示。

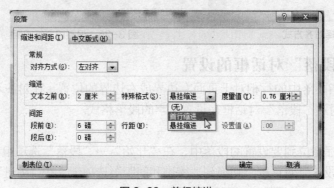

图 3-29　首行缩进

STEP 2 单击"确定"按钮，完成段落的首行设置。

3.2.8　课后加油站

1. 考试重点分析

考生必须掌握 PowerPoint 2010 的文本编辑知识，包括文本的输入与复制，使用占位符添加文本，设置文本的段落格式等知识。

2. 过关练习

练习 1：新建演示文稿 1，并在幻灯片 1 中添加水平文本框，并输入文本"人力资源类工作计划"。

练习 2：在演示文稿 1 的第 2 张幻灯片中添加垂直文本框，并输入文本"员工训练"。

练习 3：在占位符中输入 4 段文本，然后为其添加罗马编号，开始于"2"。

练习 4：将"商务会议.ppt"演示文稿里幻灯片 6 正文文本的对齐方式设置为"居中"。

练习 5：在幻灯片 2 中将当前所在段落的行距设置为 1 行，段前"0.5 行"，段后"0.5 行"。

3.3 设置动画效果

3.3.1 动画方案

使用动画可以让观众将注意力集中在要点和控制信息流上，还可以提高观众对演示文稿的兴趣。在 PowerPoint 2010 中可以创建包括进入、强调、退出、路径等不同类型的动画效果。

1. 创建进入动画

STEP 1 打开演示文稿，选中要设置进入动画效果的文字或图片。

STEP 2 在"动画"→"动画"选项组中单击 按钮，在弹出的下拉列表的"进入"栏下选择进入动画，如"飞入"，如图 3-30 所示。

STEP 3 添加动画效果后，文字对象前面将显示动画编号 1 标记，如图 3-31 所示。

图 3-30　选择动画样式

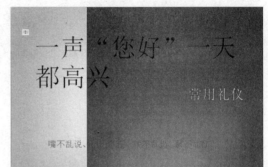

图 3-31　创建进入动画

2. 创建强调动画

STEP 1 打开演示文稿，选中要设置强调动画效果的文字，然后在"动画"选项组中单击 按钮，在弹出的下拉列表的"强调"栏下选择强调动画，如"下画线"，如图 3-32 所示。

STEP 2 添加动画效果后，在预览时可以看到在文字下添加了下画线，如图 3-33 所示。

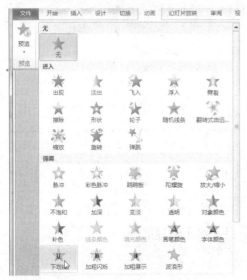

图 3-32　选择动画样式

图 3-33　创建强调动画

3. 创建退出动画

STEP 1 打开演示文稿，选中要设置退出动画效果的文字，然后在"动画"选项组中单击 ⬝ 按钮，在弹出的下拉列表中选择"更多退出效果"，如图 3-34 所示。

STEP 2 打开"更改退出效果"对话框，选择"消失"退出效果，单击"确定"按钮即可，如图 3-35 所示。

图 3-34 选择"更多退出效果"

图 3-35 选择要退出的效果

注意

按照相同的方法可创建路径动作动画。如果想要为不同对象设置相同的动画，可以按住 Shift 键选中对象，然后按以上方法设置动画即可。

3.3.2 课后加油站

1. 考试重点分析

考生必须掌握 PowerPoint 动画操作知识，包括为演示文稿添加不同类型的动画，为添加的动画设置播放时间，在幻灯片之间添加切换效果等知识。

2. 过关练习

练习 1：让幻灯片标题从左上部飞入。

练习 2：将动画效果更改为"缩放"进入效果。

练习 3：设置"飞入"动画播放时间为 2 秒。

练习 4：为幻灯片标题设置"缩放"动画效果，并连续不断地播放。

练习 5：为幻灯片添加"分裂"切换效果。

练习 6：为每张幻灯片添加相同的切换效果。

3.4 演示文稿的放映

3.4.1 放映演示文稿

制作好演示文稿后，就可以对演示文稿进行放映，检查制作过程中有无出现问题。

STEP 1 在"幻灯片放映"→"开始放映幻灯片"选项组中单击"从头开始"或"从当前幻灯片开始"选项。如果没有进行过相应的设置，这两种方式将从演示文稿中的第一张幻灯片起，放映到最后一张幻灯片为止。

STEP 2 单击视图按钮中的 按钮，切换到"幻灯片放映"视图，此时将从当前幻灯片开始放映到演示文稿中的最后一张幻灯片。

>
> 无需启动 PowerPoint，直接用鼠标右键单击演示文稿文件名，从弹出的快捷菜单中选择"显示"命令，即可开始放映演示文稿。

3.4.2 设置放映方式

在 PowerPoint 中有几种方式可以放映幻灯片，用户可以根据需要进行设置。

STEP 1 打开制作完成的演示文稿，在"幻灯片放映"→"设置"选项组中单击"设置幻灯片放映"按钮。

STEP 2 打开"设置放映方式"对话框，在对话框中可以对幻灯片的放映类型、放映选项、换片方式等进行设置，如图 3-36 所示。

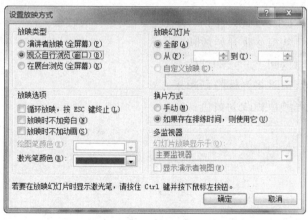

图 3-36 设置放映方式

3.4.3 控制幻灯片放映

在幻灯片放映过程中，可以通过鼠标和键盘来控制播放。

1.用鼠标控制播放

STEP 1 在放映过程中，右键单击屏幕会弹出一个快捷菜单，单击其中的命令可以控制放映的过程。这里单击"帮助"命令，如图 3-37 所示。

STEP 2 打开"幻灯片放映帮助"对话框，可以在其中查看相关帮助，如图 3-38 所示。

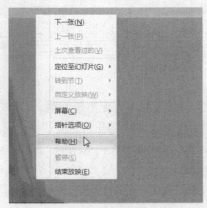

图 3-37 选择"帮助"命令

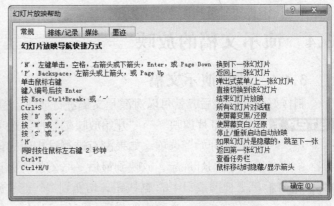

图 3-38 "幻灯片放映帮助"对话框

2. 用键盘控制放映

常用的控制放映的按键如下。

- →键、↓键、空格键、Enter 键、PageUp 键：前进一张幻灯片。
- ←键、↑键、Backspace 键、PageDown 键：回退一张幻灯片。
- 输入数字然后按 Enter 键：跳到指定的幻灯片。
- Esc 键：退出放映。

3.4.4 课后加油站

1. 考试重点分析

考生必须掌握 PowerPoint 的放映知识，包括设置不同的放映方式，选择从哪一张幻灯片开始放映等知识。

2. 过关练习

练习 1：将幻灯片放映方式设置为"观众自行浏览"放映模式。

练习 2：让幻灯片从第 2 张开始放映。

练习 3：在放映时返回上一张幻灯片。

练习 4：放映幻灯片时将光标隐藏起来。

练习 5：将激光笔颜色更改为黄色。

PART 4

第 4 章
常用工具软件

4.1 驱动管理软件

驱动管理软件是一种可以使计算机和设备通信的特殊程序，驱动程序管理是指对计算机设备驱动程序的分类、更新、删除等操作，可以使计算机正常工作，或者更好地工作。当前最方便、最常用的驱动管理方法是使用一些专门的软件来实行管理，如驱动精灵、驱动人生等。

4.1.1 驱动精灵

驱动精灵是一款集驱动管理和硬件检测于一体的、专业级的驱动管理和维护工具，为用户提供驱动备份、恢复、安装、删除、在线更新等实用功能，对于手头上没有驱动盘的用户来说十分实用，用户可以通过本软件将系统中的驱动程序提取并备份出来。除了驱动备份恢复功能外，驱动精灵还提供了 Outlook 地址簿、电子邮件和 IE 收藏夹的备份与恢复功能。

1. 驱动精灵基本功能

① 驱动程序：设备不工作、驱动程序版本太旧、玩新游戏总是出现状况，这些问题驱动精灵都可以解决。

② 系统补丁：操作系统补丁没打齐，缺少各种.Net、VC 运行库致使程序无法运行，驱动精灵可解决这些问题，让用户的系统安全稳定，功能完备。

③ 软件管理：系统刚装好，需要各种软件，在驱动精灵软件宝库可以实现快速装机，需要什么软件直接挑选，快捷又安全。

④ 硬件检测：专业硬件检测功能，内容丰富，结果准确，帮助用户判断硬件设备型号状态。

⑤ 百宝箱：使用驱动精灵百宝箱可以快速解决计算机中遇到的驱动问题。

2. 驱动精灵主界面

驱动精灵主界面工作窗口组成如图 4-1 所示，主要包括基本状态、驱动程序、系统补丁、软件管理、硬件检测、百宝箱等。

3. 修复检测出的问题

STEP 1 在驱动精灵主界面中单击"立即检测"按钮，系统会自动检测出计算机操作系统中的问题，如图 4-2 所示。

STEP 2 单击"立即解决"按钮，此时在窗口中可看到计算机存在的高危漏洞以及检测出的漏洞补丁，如图 4-3 所示。

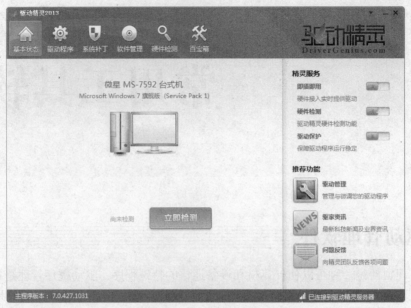

驱动精灵2013
基本状态
驱动程序
系统补丁
软件管理
硬件检测
百宝箱
驱动精灵
DriverGenius.com
微星 MS-7592 台式机
Microsoft Windows 7 旗舰版（Service Pack 1）
尚未检测
立即检测
精灵服务
即插即用
硬件接入实时提供驱动
硬件检测
驱动精灵硬件检测功能
驱动保护
保障驱动程序运行稳定
推荐功能
驱动管理
管理与微调您的驱动程序
NEWS
驱家资讯
最新科技新闻及业界资讯
问题反馈
向精灵团队反馈各项问题
主程序版本：7.0.427.1031
已连接到驱动精灵服务器

图 4-1　驱动精灵主界面

驱动精灵2013
基本状态
驱动程序
系统补丁
5
软件管理
16
硬件检测
百宝箱
驱动精灵
DriverGenius.com
您的电脑操作系统有系统补丁可升级!
检测已完成！重新检测　返回首屏
立即解决
系统检测
检测到您没有备份网卡驱动，建议备份
备份
检测到有系统补丁需要更新(5项)
更新
未发现驱动故障，您的电脑设备运转正常
没有发现可升级至认证版本的新版驱动
您的电脑已经安装杀毒软件
精灵服务
即插即用
硬件接入实时提供驱动
硬件检测
驱动精灵硬件检测功能
驱动保护
保障驱动程序运行稳定
推荐功能
驱动管理
管理与微调您的驱动程序

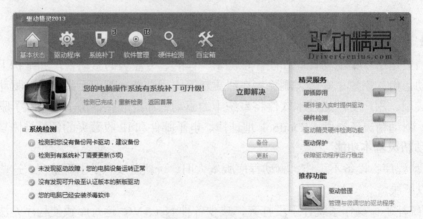

图 4-2　立即检测

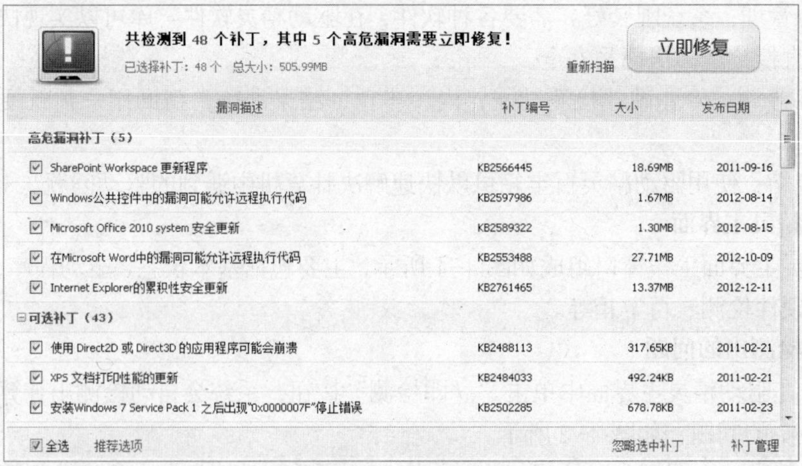

共检测到 48 个补丁，其中 5 个高危漏洞需要立即修复!
已选择补丁：48 个　总大小：505.99MB
重新扫描
立即修复
漏洞描述　补丁编号　大小　发布日期
高危漏洞补丁（5）
SharePoint Workspace 更新程序　KB2566445　18.69MB　2011-09-16
Windows公共控件中的漏洞可能允许远程执行代码　KB2597986　1.67MB　2012-08-14
Microsoft Office 2010 system 安全更新　KB2589322　1.30MB　2012-08-15
在Microsoft Word中的漏洞可能允许远程执行代码　KB2553488　27.71MB　2012-10-09
Internet Explorer的累积性安全更新　KB2761465　13.37MB　2012-12-11
可选补丁（43）
使用 Direct2D 或 Direct3D 的应用程序可能会崩溃　KB2488113　317.65KB　2011-02-21
XPS 文档打印性能的更新　KB2484033　492.24KB　2011-02-21
安装Windows 7 Service Pack 1 之后出现"0x0000007F"停止错误　KB2502285　678.78KB　2011-02-23
全选　推荐选项
忽略选中补丁　补丁管理

图 4-3　检测结果

STEP 3 单击"立即修复"按钮，驱动精灵会自动下载需要的补丁，如图4-4所示。

正在下载第 10 个补丁，共 48 个（30.35MB/505.99MB）　　　取消修复

18%

漏洞描述	补丁编号	状态
Internet Explorer的累积性安全更新	KB2761465	已智能忽略
使用 Direct2D 或 Direct3D 的应用程序可能会崩溃	KB2488113	正在安装
XPS 文档打印性能的更新	KB2484033	等待安装
安装Windows 7 Service Pack 1 之后出现"0x0000007F"停止错误	KB2502285	等待安装
使用 DirectWrite API 的应用程序时性能会下降	KB2505438	等待安装
使用某些 Canon 打印机时无法进行打印	KB2522422	等待安装
更新对印度卢比新货币符号的支持	KB2496898	等待安装
解决不能打印 SVG（可伸缩矢量图形）问题	KB2511250	等待安装
Windows 资源管理器可能崩溃	KB2515325	等待安装
改善 Windows 7 与"高级格式磁盘"之间兼容性的更新	KB982018	

图 4-4　正在修复

4. 硬件检测与监控

STEP 1 在主界面中单击"硬件检测"选项卡，然后单击"硬件概览"选项，此时即可在左侧窗口中看到硬件选项，单击相应的选项，如"电脑概括"，即可在右侧窗口中看到详细信息，如图4-5所示。

图 4-5　驱动精灵硬件概览

STEP 2 单击"温度监控"选项，然后在"设备与传感器"栏下勾选相应的复选框，即可在窗口中看到当前一段时间的温度监控，如图4-6所示。

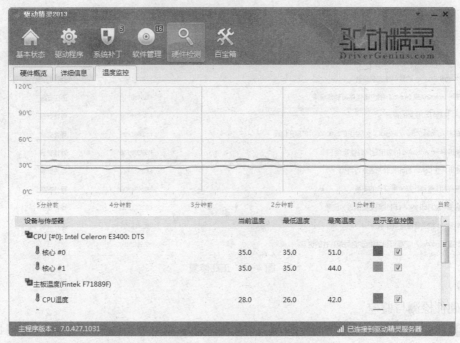

图4-6 驱动精灵温度监控

4.1.2 驱动人生

驱动人生是一款免费的驱动管理软件，可智能检测硬件并自动查找安装驱动，为用户提供最新驱动更新，本机驱动备份、还原和卸载等功能。软件界面清晰，操作简单，设置人性化，是用户管理计算机驱动程序的好帮手。

1. 驱动人生基本功能

① 移动设备即插即用：移动设备插入计算机后，驱动人生自动为其安装驱动并立即可以使用，无需光盘。

② 品牌驱动：驱动人生支持 10 万多个硬件设备的驱动，可以与几乎任意硬件设备品牌官方驱动库同步，更安全、更贴心，操作比官方更简单。

③ 精准的硬件检测：专业、准确、简单明了的硬件检测，可以轻松地查看计算机各个硬件配置和详细参数。

④ 推荐驱动：根据用户的当前硬件配置，推荐最适合用户机器配置的驱动，兼顾驱动的稳定和性能。

2. 驱动人生主界面

驱动人生主界面工作窗口组成如图 4-7 所示，主要包括驱动、硬件、软件、修电脑、玩一下、Wi-Fi 共享等。

3. 一键恢复

STEP 1 在驱动人生主界面中单击"驱动"选项卡，然后单击栏下的"基本信息"选项，此时会自动检测出用户计算机中的问题，如图4-8所示。

图 4-7　驱动人生主界面

图 4-8　基本信息

STEP 2 单击"一键处理"按钮，系统会自动处理遇到的问题，如图 4-9 所示。

图 4-9　一键处理

4. 驱动备份

STEP 1 在驱动人生主界面中单击"驱动"选项卡，然后单击栏下的"驱动管理"选项，如图 4-10 所示。

图 4-10 驱动管理

STEP 2 此时即可自动检测出尚未备份的驱动，单击"立即备份"按钮，如图 4-11 所示。

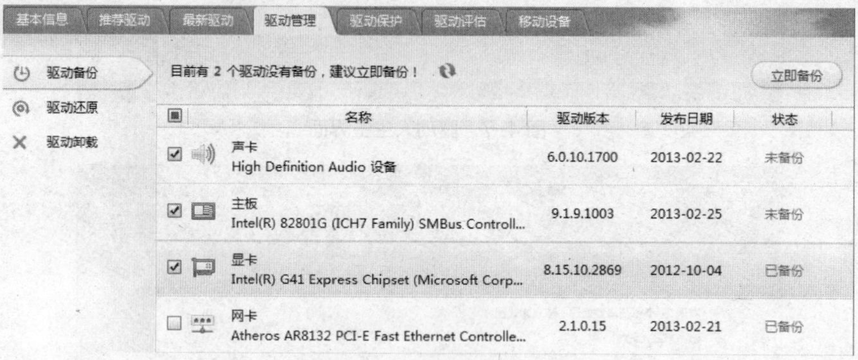

	名称	驱动版本	发布日期	状态
☑	声卡 High Definition Audio 设备	6.0.10.1700	2013-02-22	未备份
☑	主板 Intel(R) 82801G (ICH7 Family) SMBus Controll...	9.1.9.1003	2013-02-25	未备份
☑	显卡 Intel(R) G41 Express Chipset (Microsoft Corp...	8.15.10.2869	2012-10-04	已备份
☐	网卡 Atheros AR8132 PCI-E Fast Ethernet Controlle...	2.1.0.15	2013-02-21	已备份

目前有 2 个驱动没有备份，建议立即备份！ 立即备份

驱动备份 驱动还原 驱动卸载

图 4-11 立即备份

STEP 3 此时会弹出如图 4-12 所示的提示窗口。

STEP 4 单击"确定"按钮完成备份，如图 4-13 所示。

图 4-12 备份提示窗口

图 4-13 完成备份

4.1.3 课后加油站

1. 考试重点分析

考生必须掌握驱动程序的定义，熟悉驱动精灵和驱动人生的基本操作。

2. 过关练习

练习 1：什么是驱动程序？

练习 2：了解驱动精灵的主要功能。

练习 3：了解驱动人生的主要功能。

练习 4：使用驱动人生软件进行驱动备份。

4.2　压缩软件

使用压缩软件可以将超大文件的空间缩小，以节省磁盘空间，方便传输。常见的压缩软件有 WinRAR、好压等。

4.2.1　WinRAR

WinRAR 是一款功能强大的压缩包管理器，它是档案工具 RAR 在 Windows 环境下的图形界面版本，可用于备份数据，缩减电子邮件附件的大小，解压缩从 Internet 上下载的 RAR、ZIP 及其他压缩文件，并且可以新建 RAR 及 ZIP 格式的压缩文件。

1. WinRAR 基本功能

① 压缩文件：对于容量较大的文件，可以将其压缩后再上传或发送，以节省传输时间。

② 解压缩文件：压缩后的文件不能直接查看，将下载的压缩文件解压还原，以方便查看。

2. WinRAR 主界面

WinRAR 的主界面工作窗口组成如图 4-14 所示，主要包括添加、解压到、测试、查看、删除、查找、向导、信息、修复等。

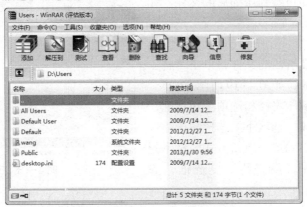

图 4-14　WinRAR 主界面窗口

3. 压缩文件

STEP 1　选择需要进行压缩的文件，如选择"发送文件 2013"文件夹，单击"添加"按钮，如图 4-15 所示。

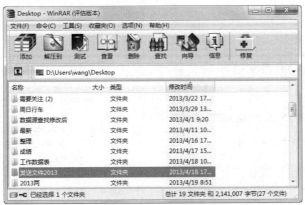

图 4-15　选中压缩文件

STEP 2 打开"压缩文件名和参数"对话框，在"常规"选项下，勾选"压缩选项"栏下的"测试压缩文件"复选框，如图 4-16 所示。

STEP 3 单击"确定"按钮后开始压缩，如图 4-17 所示。

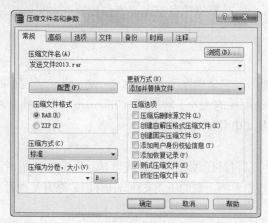

图 4-16　设置

图 4-17　正在压缩

STEP 4 完成后即可看到压缩后的文件，如图 4-18 所示。

4. 解压缩文件

STEP 1 选择需要解压的文件，单击"解压到"按钮，如图 4-19 所示。

STEP 2 打开"解压路径和选项"对话框，在"常规"选项下，选择解压缩位置，接着勾选"更新方式"栏下的"解压并替换文件"复选框，如图 4-20 所示。

图 4-18　压缩完成

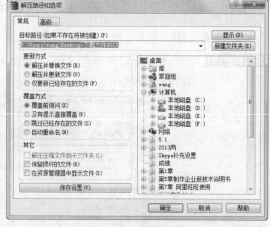

图 4-20　进行设置

图 4-19　选中解压文件

STEP 3 单击"确定"按钮，开始解压缩。

5. 锁定压缩文件

STEP 1 选择需要锁定的文件，单击"命令"选项，在弹出的下拉菜单中选择"锁定压缩文件"选项，如图 4-21 所示。

STEP 2 在打开的窗口中单击"选项"选项，在"锁定压缩文件"栏下勾选"禁止修改压缩文件"复选框，如图 4-22 所示。

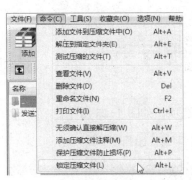

图 4-21 选择

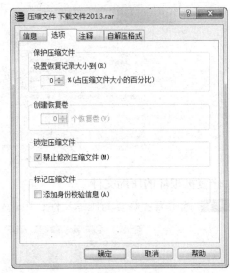

图 4-22 设置

STEP 3 单击"确定"按钮，此时压缩文件的"添加"和"删除"按钮被禁止操作，如图 4-23 所示。

图 4-23 设置后的效果

4.2.2 好压

好压压缩软件（HaoZip）是强大的压缩文件管理器，是完全免费的新一代压缩软件，相比其他压缩软件系统资源占用更少，兼容性更好，压缩率比较高。软件功能包括强力压缩、分卷、加密、自解压模块、智能图片转换、智能媒体文件合并等。

1. 好压基本功能

① 解压多种格式：好压支持 RAR、ARJ、CAB、LZH、ACE、GZ、UUE、BZ2、JAR、ISO 等多达 50 种不同算法和类型文件的解压，远超同类其他压缩软件支持的解压格式，通用性强。

② 兼容性强：支持 Windows 2000 以上全部 32/64 位系统，并且完美支持 Windows 7 和 Windows 8。

③ 通用性强：好压完全支持行业标准，使用好压软件生成的压缩文件，同类软件仍可正常识别，保证了通用性。

2. 好压主界面

好压主界面工作窗口如图 4-24 所示，主要包括添加、解压到、测试、删除、查找、信息、修复、注释、自解压、虚拟光驱等。

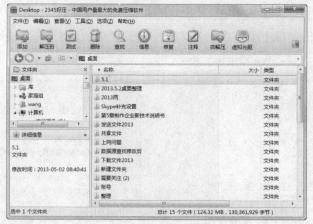

图 4-24　好压主界面

3. 修复被损坏的压缩文件

STEP 1 选中需要修复的压缩文件，单击"修复"选项，如图 4-25 所示。

图 4-25　选中修复选项

STEP 2 打开"修复压缩文件"对话框，在"被修复的压缩文件类型"栏下进行选择，如勾选"自动检测"单选按钮，如图 4-26 所示。

STEP 3 单击"修复"按钮，完成后的效果如图 4-27 所示。

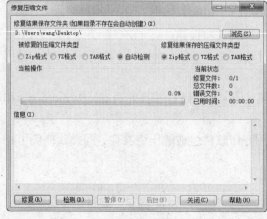

图 4-26　设置

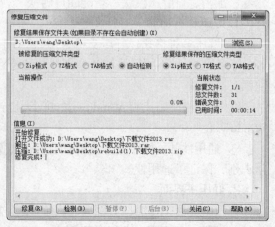

图 4-27　完成修复

4. 自解压文件

STEP 1 选择需要自解压的文件，单击"自解压"按钮，如图 4-28 所示。

图 4-28　自解压

STEP 2 在打开的"高级自解压选项"对话框中（见图 4-29），单击"确定"按钮，开始解压文件，解压后效果如图 4-30 所示。

图 4-29　设置

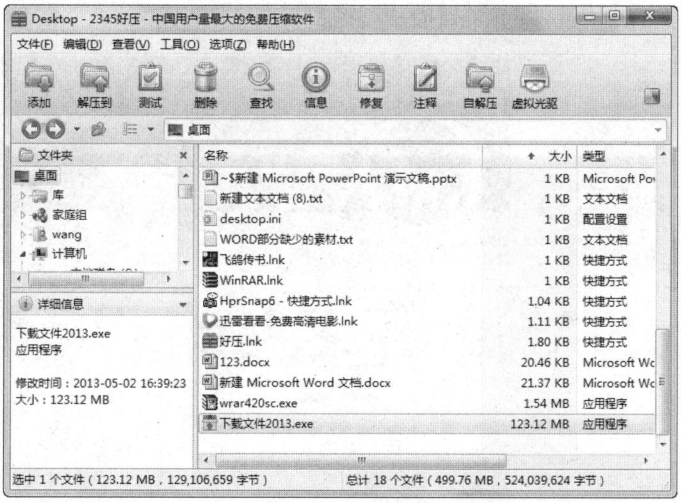

图 4-30　解压后

4.2.3　课后加油站

1. 考试重点分析

考生必须掌握压缩文件的知识，熟练使用 WinRAR 和好压软件压缩和解压缩文件。

2. 过关练习

练习 1：了解 WinRAR 的功能。

练习 2：使用 WinRAR 锁定压缩文件。

练习 3：了解好压的功能。

练习 4：使用好压修复被损坏的压缩文件。

4.3 杀毒软件

杀毒软件也称反病毒软件或防毒软件，是用于消除计算机病毒、特洛伊木马和恶意软件的一类软件。杀毒软件通常集成监控识别、病毒扫描和清除、自动升级等功能，有的杀毒软件还带有数据恢复等功能，是计算机防御系统（包含杀毒软件、防火墙、特洛伊木马和其他恶意软件的查杀程序、入侵预防系统等）的重要组成部分。

4.3.1　360 杀毒

360 杀毒是 360 安全中心出品的一款免费的云安全杀毒软件，具有查杀率高、资源占用少、升级迅速等优点。同时，360 杀毒可以与其他杀毒软件共存，是一个理想的杀毒备选方案。

1. 360 杀毒基本功能

① 快速扫描：扫描 Windows 系统目录及 Program Files 目录。

② 全盘扫描：扫描所有磁盘。

③ 指定扫描位置：扫描用户指定的目录。

④ 右键扫描：杀毒命令集成到右键菜单中，当用户在文件或文件夹上单击鼠标右键时，可以选择"使用 360 杀毒扫描"对选中文件或文件夹进行扫描。

2. 360 杀毒主界面

360 杀毒的主界面窗口组成如图 4-31 所示，它提供了 4 种手动病毒扫描方式：快速扫描、全盘扫描、自定义扫描及右键扫描。

图 4-31　360 杀毒主界面

3. 快速扫描

STEP 1 在 360 杀毒主界面中，单击"快速扫描"选项，系统即开始快速扫描，如图 4-32 所示。

STEP 2 扫描结束后，窗口中会提示本次扫描发现的安全威胁，在左下角勾选"全选"复选框，然后单击"立即处理"选项，如图 4-33 所示。

STEP 3 处理完成后，窗口中会出现提示，单击"确定"按钮即可，如图 4-34 所示。

图 4-32　快速扫描

图 4-33　处理扫描结果

图 4-34　处理完成

4. 定时杀毒

STEP 1 在 360 杀毒主界面中，在右上角单击"设置"，如图 4-35 所示。

STEP 2 打开"360 杀毒 - 设置"对话框，单击左侧窗口中的"常规设置"选项，如图 4-36 所示。

STEP 3 在右侧窗口中，定位到"定时杀毒"栏下，勾选"启用定时查毒"复选框，在"扫描类型"下设置"快速扫描"，勾选"每周"单选框，设置每周二的 10:51 分开始查毒，如图 4-37 所示。

图 4-35　单击"设置"　　　图 4-36　常规设置　　　图 4-37　定时杀毒设置

STEP 4 单击"确定"按钮后即可实现定期杀毒。

4.3.2　金山毒霸

金山毒霸（Kingsoft Antivirus）是金山网络公司研发的云安全智扫反病毒软件，融合了启发式搜索、代码分析、虚拟机查毒等经业界证明成熟可靠的反病毒技术，在查杀病毒种类、查杀病毒速度、未知病毒防治等多方面达到世界先进水平。同时，金山毒霸具有病毒防火墙实时监控、压缩文件查杀、查杀电子邮件病毒等多项先进的功能，紧跟世界反病毒技术的发展，为个人用户和企事业单位提供了完善的反病毒解决方案。

1. 金山毒霸基本功能

① 双平台杀毒：不仅可以查杀计算机病毒，还可以查杀手机中的病毒木马，保护手机，防止恶意扣费。

② 自动查杀：应用（熵、SVM、人脸识别算法等）数学算法，拥有超强的自学习进化能力，无需频繁升级，直接查杀未知新病毒。

③ 防御性强：多维立体保护，智能侦测、拦截新型威胁，拥有全新的"火眼"系统，对文件进行专业的行为分析，用户只需查看分析报告，即可对病毒行为了如指掌，深入了解自己计算机的安全状况。

④ 网购保镖：网购中误入钓鱼网站或者中了网购木马时，金山网络为用户提供最后一道安全保障，独家 PICC 承保。

2. 金山毒霸主界面

金山毒霸主界面工作窗口如图 4-38 所示，主要包括电脑杀毒、铠甲防御、网购保镖、手机助手、百宝箱等。

3. 一键查杀

STEP 1 在金山杀毒主界面中单击"电脑杀毒"选项，然后单击"一键云查杀"按钮，此时系统会自动对计算机进行扫描，如图 4-39 所示。

STEP 2 扫描完成后可以看到扫描结果，然后单击"立即处理"按钮，如图 4-40 所示。

图 4-38　主界面

图 4-39　一键云查杀

图 4-40　立即处理

STEP 3 处理完成后即可看到如图 4-41 所示的提示。

图 4-41　处理完成

4. 指定查杀位置

STEP 1 单击"电脑杀毒"选项，然后单击"指定位置查杀"选项，如图 4-42 所示。

STEP 2 在打开的对话框中选择扫描路径，如勾选"本地磁盘 F"复选框，单击"确定"按钮，如图 4-43 所示。

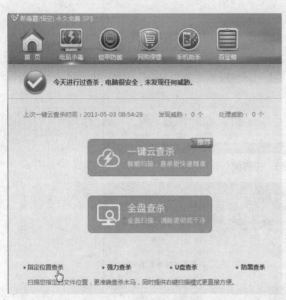

图 4-42　指定位置查杀

图 4-43　选择查杀位置

STEP 3 此时金山毒霸开始对 F 盘进行扫描，如图 4-44 所示。

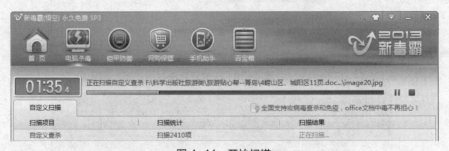

图 4-44　开始扫描

4.3.3　课后加油站

1. 考试重点分析

考生必须了解杀毒软件的基本知识，熟练掌握常用杀毒软件 360 杀毒和金山毒霸的基本操作。

2. 过关练习

练习 1：什么是杀毒软件？

练习 2：简述 360 杀毒软件的功能。

练习 3：设定 360 杀毒软件定时杀毒。

练习 4：使用金山毒霸指定查杀位置。

4.4 看图工具软件

使用看图软件可以快速浏览计算机中的图片，为用户节省时间。

4.4.1 ACDSee

ACDSee 是使用最为广泛的看图工具软件之一，它提供了良好的操作界面，简单人性化的操作方式，优质的快速图形解码方式，丰富的图形格式支持，强大的图形文件管理功能等，大多数计算机爱好者都使用它来浏览图片。

1. ACDSee 基本功能

① 多媒体应用及播放平台：在捕捉图像时捕捉鼠标指针。

② 用全屏幕查看图形：在全屏幕状态下，查看窗口的边框、菜单栏、工具条、状态栏等均被隐藏起来以腾出最大的桌面空间，用于显示图片。

③ 文件批量更名：这是与扫描图片并顺序命名配合使用的一个功能，选中浏览窗口内需要批量更名的所有文件，单击批量后的下拉按钮，选择批量重命名进行操作。

④ 制作缩印图片：ACDSee 允许将多页的文档打印在一张纸上，形成缩印的效果。在 ACDSee 中允许将同一文件夹下的多张图片缩印在一张纸上。

⑤ 用固定比例浏览图片：有时候，得到的图片文件比较大，一屏幕显示不下，而有时候所要看的图片又比较小，以原先的大小观看又会看不清楚，使用 ACDSee 的放大和缩小显示图片的功能，可以以固定比例显示图片。

⑥ 为图形文件解压：图像文件有若干种格式，其中大部分格式都会对图像进行不同方式的压缩处理，即在使用某种格式来保存图像时，会对图像进行自动压缩。ACDSee 会为图像文件解压。

2. ACDSee 主界面

ACDSee 主界面工作窗口如图 4-45 所示，主要包括管理、查看和编辑等。

图 4-45 ACDSee 主界面

3. 批量重命名

STEP 1 选中需要重命名的图片，单击"批量"后的下拉按钮，在弹出的下拉列表中选择

"重命名"选项，如图 4-46 所示。

STEP 2 打开"批量重命名"对话框，在"模板"选项下，勾选"使用模板重命名文件"复选框，然后在文本框中输入数值，如输入 2013，如图 4-47 所示。

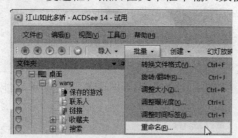

图 4-46　重命名选项

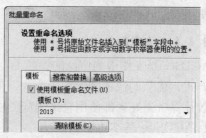

图 4-47　设置模板

STEP 3 单击"搜索和替换"选项卡，分别在"搜索"和"替换为"文本框中输入数值，如图 4-48 所示。

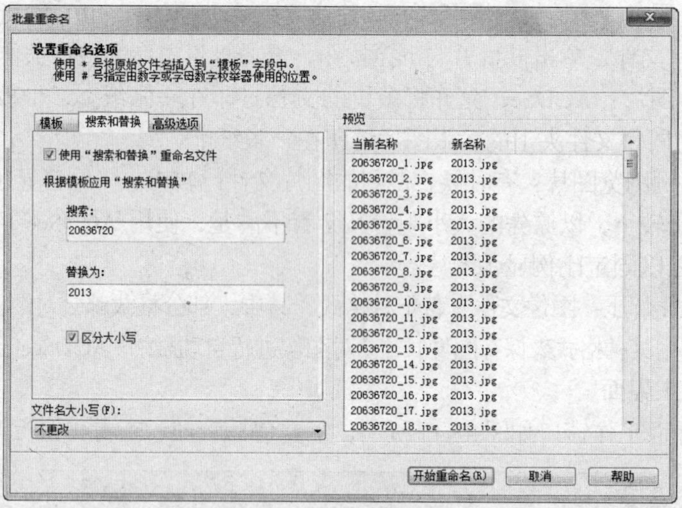

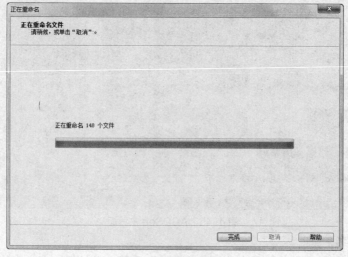

图 4-48　设置替换

STEP 4 单击"开始重命名"按钮，软件自动对选中的图片进行重命名，如图 4-49 所示。

图 4-49　开始重命名

STEP 5 单击"完成"按钮，即可在主窗口中看到重命名后的图片，如图 4-50 所示。

图 4-50　完成重命名

4. 编辑图片

STEP 1 选中需要进行编辑的图片，单击"编辑"选项，在左侧窗口中单击"边框"选项，如图 4-51 所示。

图 4-51　选择"边框"

STEP 2 此时左侧窗口中会出现边框工具，根据需要对图片进行编辑，在右侧窗口中可以看到编辑效果，编辑完成后单击"完成"按钮，如图 4-52 所示。

STEP 3 然后在左侧窗口中单击"保存"按钮即可，如图 4-53 所示。

图 4-52　预览编辑效果

图 4-53　保存

4.4.2　2345 看图王

2345 看图王是一款强大的图片浏览管理软件，完整支持所有主流图片格式的浏览、管理、并可对其进行编辑，支持文件夹内的图片翻页、缩放、打印，独家支持 GIF 等多帧图片的播放与单帧保存。

1. 2345 看图王基本功能

① 看图速度快：使用全球最快的强劲图像引擎，即使在低配置计算机上，也能快速打开十几兆的大图片。

② 超高清完美画质呈现：精密迅锐的图像处理使图片纤毫毕现，带给用户最真实的高清看图效果。

③ 缩略图预览：无须返回目录，可直接在看图窗口中一次性预览当前目录下的所有图片，切换图片更方便。

④ 鸟瞰图功能：采用美观易用的鸟瞰图功能，可以方便快捷地定位查看大图片的任意部分，可以直接用鼠标在鸟瞰图上进行快速缩放。

⑤ 鼠标指针翻页：鼠标移动到图片的左右两端，指针会自动变成翻页箭头，执行翻页更方便。

2. 2345 看图王主界面

2345 看图王主界面工作窗口如图 4-54 所示。

图 4-54　主界面

3. 浏览图片

STEP 1 在主界面中单击"打开文件"按钮，在弹出的"打开"窗口中选择需要打开的图片，单击"打开"按钮，如图 4-55 所示。

图 4-55　选择图片

STEP 2 此时即可打开图片进行浏览，如图 4-56 所示。

图 4-56　浏览图片

4. 启用鼠标指针翻页

STEP 1 在主界面中单击"主菜单"按钮，在弹出的下拉列表中选择"设置"选项，如图 4-57 所示。

STEP 2 打开"2345 看图王 – 设置"对话框，在左侧窗口中单击"常规设置"选项，在"辅助看图工具"栏下勾选"启用鼠标指针翻页"复选框，如图 4-58 所示。

图 4-57　选择"设置"

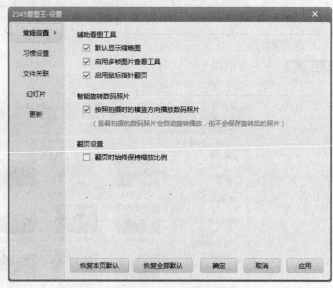

图 4-58　设置

STEP 3 单击"确定"按钮，即可实现鼠标指针翻页，效果如图 4-59 所示。

图 4-59　鼠标指针翻页

4.4.3　课后加油站

1.考试重点分析

考生必须掌握看图工具软件 ACDSee 和 2345 看图王的使用方法。

2.过关练习

练习 1：了解 ACDSee 的基本功能。

练习 2：使用 ACDSee 批量重命名图片。

练习 3：了解 2345 看图王的基本功能。

练习 4：在 2345 看图王中启用鼠标指针翻页功能。

4.5　网络下载软件

下载工具是一种可以更快地从网上下载资源的软件。用下载工具下载时，可充分利用网络上的多余带宽，采用"断点续传"技术，随时接续上次中止部位继续下载，有效避免了重复操作，节省了下载者的连线下载时间。常用的下载工具有迅雷、快车等。

4.5.1　迅雷

迅雷下载软件立足于为全球互联网提供最好的多媒体下载服务，它本身并不支持上传资源，它只是一个提供下载和自主上传的工具软件。迅雷的资源取决于拥有资源网站的多少，同时只要有任何一个迅雷用户使用迅雷下载过相关资源，迅雷就能有所记录。下面以迅雷 7 为例进行介绍。

1.迅雷 7 基本功能

① 下载：浏览器支持将迅雷客户端登录状态带到网页中。

② 离线下载：服务器代替计算机用户先行下载。

③ "二维码下载"功能：在计算机中寻找想下载的文件，并轻松地下载到手机上。

④ 一键立即下载：操作简便，即便是通过手动输入下载地址的方式建立任务，也能一键立即下载。

2.迅雷 7 主界面

迅雷 7 的主界面工作窗口如图 4-60 所示，主要包括我的下载、迅雷新闻、迅雷看看、下载优先、网速保护、计划任务等。

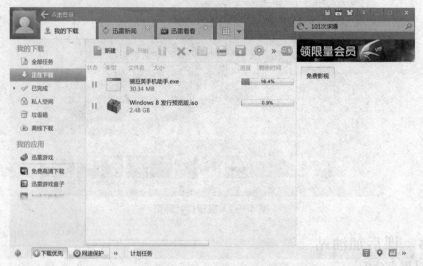

图 4-60　迅雷 7 主界面

3.新建下载任务

STEP 1　在主界面中单击"新建"按钮，如图 4-61 所示。

STEP 2　打开"新建任务"对话框，在"输入下载 URL"栏下输入下载地址，如图 4-62 所示。

图 4-61　在主界面中单击"新建"

图 4-62　输入地址

STEP 3　单击"继续"按钮的下拉按钮，在弹出的选项中单击"立即下载"选项即可下载，完成后如图 4-63 所示。

4.添加计划任务

STEP 1　在主界面下方单击"计划任务"，在弹出的选项列表中选择"添加计划任务"选项，如图 4-64 所示。

图 4-63　下载完成

图 4-64　添加计划任务

STEP 2 打开"计划任务"对话框，在"设置任务执行时间"栏下进行设置，然后选择"开始全部任务"单选按钮，如图 4-65 所示。

STEP 3 单击"确定计划"按钮后，主界面最下方会弹出"添加计划任务"提示，如图 4-66 所示。

图 4-65　设置任务

图 4-66　页面提示

4.5.2　快车

快车（FlashGet）是一个快速下载工具，它的性能好，功能多，下载速度快，兼容 BT、传统下载（HTTP、FTP 等）等多种下载方式，"插件扫描"功能在下载过程中可自动识别文件中可能含有的间谍程序及捆绑插件，并对用户进行有效提示。

1. 快车基本功能

① 绿色免费：不捆绑恶意插件，简单安装，快速上手。下载安全监测技术（Smart Detecting Technology，SDT）在下载过程中可自动识别文件中可能含有的间谍程序及灰色插件，并对用户进行有效提示。

② 系统资源优化：在高速下载的同时，维持超低资源占用，不干扰用户的其他操作。

③ 自动调用杀毒软件：专注下载，与杀毒厂商合作，共创绿色环境；文件下载完成后自动调用用户指定的杀毒软件，彻底清除计算机病毒和恶意软件。

④ 奉行"不做恶"原则：不捆绑恶意软件，不强制弹出广告，安装卸载流程简便规范，不收集、不泄露下载数据信息，尊重用户隐私。

⑤ 支持多种协议：全面支持 BT、HTTP、FTP 等多种协议，智能检测下载资源，HTTP/BT 下载切换无需手工操作，获取种子文件后自动下载目标文件。

2. 快车主界面

快车的主界面工作窗口如图 4-67 所示，主要包括新建、目录、分组和选项等。

图 4-67　快车主界面

3. 新建视频任务

STEP 1 在主界面中单击"新建"后的下拉按钮，在弹出的下拉列表中选择"新建视频任务"选项，如图 4-68 所示。

STEP 2 打开"新建视频下载任务"对话框，在"请输入视频页面地址"下的文本框中输入地址，单击"探测视频"按钮，如图 4-69 所示。

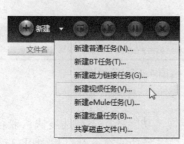

图 4-68　新建视频任务　　　　　　　图 4-69　探测视频

STEP 3 探测到视频后，页面中会自动显示文件名，单击"立即下载"按钮，如图 4-70 所示。

STEP 4 此时开始下载视频，主界面窗口中会显示下载进度等信息，如图 4-71 所示。

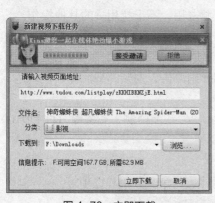

图 4-70　立即下载　　　　　　　图 4-71　正在下载

4. 设置下载完成提示

STEP 1 在主界面中单击"选项"按钮，如图 4-72 所示。

图 4-72　单击"选项"按钮

STEP 2 打开"选项"对话框，在"基本设置"栏下单击"事件提醒"选项，如图 4-73 所示。

STEP 3 进入"事件提醒"页面，在"任务完成"栏下勾选"任务完成后气泡提示"和"任务完成后声音提示"复选框，如图 4-74 所示。

STEP 4 单击"确定"按钮。

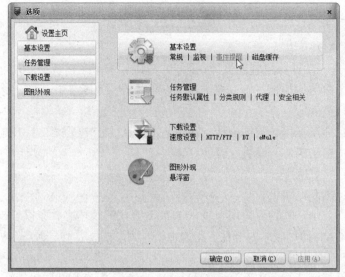

图 4-73　设置"事件提醒"

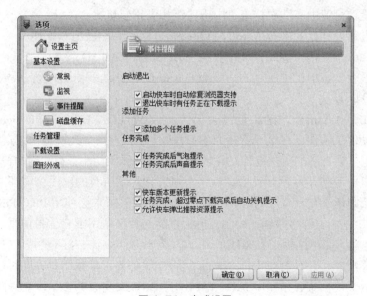

图 4-74　完成设置

4.5.3　课后加油站

1. 考试重点分析

考生必须掌握网络下载软件迅雷和快车的基本操作。

2. 过关练习

练习 1：了解迅雷的基本功能。

练习 2：使用迅雷新建下载任务。

练习 3：了解快车的基本功能。

练习 4：使用快车新建视频任务。

拓展知识

1. AutoCAD

AutoCAD 是一款计算机辅助设计软件，广泛应用于土木建筑、装饰装潢、城市规划、园林设计、电子电路、机械设计、服装鞋帽、航空航天、轻工化工等诸多领域。具体用途可分为以下几类。

工程制图：建筑工程、装饰设计、环境艺术设计、水电工程、土木施工等。

工业制图：精密零件、模具、设备等。

服装加工：服装制版。

电子工业：印制电路板设计。

在不同的行业中。欧特克公司〔是 Autodesk 公司的汉语名称〕以及国内一些公司开发了一些基于 CAD 通用版本的插件，比如中望系列、浩辰系列、天正系列插件，从而大大增强了 CAD 的易用性。

在机械设计与制造行业中有 AutoCAD Mechanical 版本和浩辰机械软件、中望 CAD 机械版。

在建筑设计行业中有浩辰建筑、中望建筑和天正建筑。

在电子电路设计行业中有 AutoCAD Electrical 版本和浩辰电气软件。

在勘测、土方工程与道路设计行业中有 Autodesk Civil 3D 版本。

而学校里教学、培训中所用的一般都是 AutoCAD、浩辰 CAD 教育版或中望 CAD。

2. PROTEL

PROTEL 是 Altium 公司在 20 世纪 80 年代末推出的 EDA（Electronic Design Automation，电子设计自动化）软件，在电子行业的 CAD 软件中，它当之无愧地排在众多 EDA 软件的前面，是电子设计者的首选软件。它较早就在国内开始使用，在国内的普及率也最高，有些高校的电子专业还专门开设了课程来学习它，几乎所有的电子公司都要用到它，许多大公司在招聘电子设计人才时在其条件栏上常会写着要求会使用 PROTEL。

PROTEL 包含了电路原理图绘制、模拟电路与数字电路混合信号仿真、多层印制电路板设计（包含印制电路板自动布线）、可编程逻辑器件设计、图表生成、电子表格生成、支持宏操作等功能，并具有 Client/Server（客户/服务器）体系结构，同时还兼容一些其他设计软件的文件格式，如 ORCAD、PSPICE、EXCEL 等。其多层印制线路板的自动布线可实现高密度 PCB 的 100%布通率。Protel 99 SE 共分 5 个模块，分别是原理图设计、PCB 设计（包含信号完整性分析）、自动布线器、原理图混合信号仿真、PLD 设计。

实训指导篇

PART 1

第 1 章
Word 2010 文字处理
实训指导

实训一 文本操作与格式设置

一、实训目的

Word 2010 的基本功能是进行文字的录入和编辑，初学者要掌握对文字的输入、选取，以及字体、字号的设置等知识。在文本格式的设置上，注重美化设计。

二、实训内容

1. 文档的输入

（1）手动输入文本

打开 Word 文档后，直接手动输入文字即可。

（2）利用"复制+粘贴"录入文本

STEP 1 打开参考内容的文本，选择需要复制的文本内容，按 Ctrl+C 组合键或单击鼠标右键，弹出快捷菜单，选择"复制"命令，如实训图 1-1 所示。

STEP 2 将光标定位在文本需要粘贴的位置，按 Ctrl+V 组合键进行粘贴，完成文本的粘贴录入，如实训图 1-2 所示。

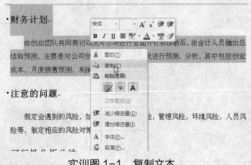

● 竞争对手和自身优势的维持

　　我们的竞争对手不多，因为附近同类店铺只有一家，而且规模不大，超市内的同类产品不新鲜，口味不佳。其次是来自外来的对手。所以我们要想维持好自身的企业，就必须以良好的服务态度和优质的产品来打败对手，为企业赢得顾客。

● 财务计划

　　由创业团队共同商讨以及对市场进行全面分析和诊断后，由会计人员做出总结和预测，主要是对公司创业前一年的财务情况进行预测、分析，其中包括创业成本、月度销售预测、利润等情况。

实训图 1-1　复制文本　　　　　　　　　　　　实训图 1-2　粘贴文本

2. 文档的选取

① 选择连续文档：在需要选中文本的开始处单击鼠标左键，滑动鼠标直至选择文档的最后，松开鼠标左键，完成连续文档的选择。

② 选择不连续文档：在文档开始处单击鼠标左键，滑动鼠标选择需要选择的文档，按住 Ctrl 键，继续在需要选中的文本的开始处单击鼠标左键滑动至最后，重复该操作，即可完成

对不连续文档的选择。

③ 从任意位置完成快速全选：将光标放在文档的任意位置，同时按住 Ctrl+A 组合键，即完成对文档内容的全部选择。

④ 从开始处快速完成全选：按住 Ctrl+Home 组合键将光标定位在文档的首部，再按 Ctrl+Shift+End 组合键完成对文档全部的选择。

3. 文本字体设置

① 字体栏设置：选中需要设置字体的文本内容，在"开始"→"字体"选项组中单击"字体"下拉按钮，在下拉菜单中选择适合的字体，如"隶书"，系统会自动预览字体的显示效果，如实训图 1-3 所示。

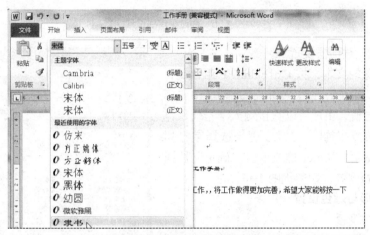

实训图 1-3　通过菜单栏设置字体

② 浮动工具栏设置：选中需要设置字体的文本内容，将鼠标移至选择的内容上，文本的上方会弹出一个浮动的工具栏，单击"字体"下拉按钮，选择合适的字体格式，如选择"华文彩云"，系统自动显示字体的实际显示效果，如实训图 1-4 所示。

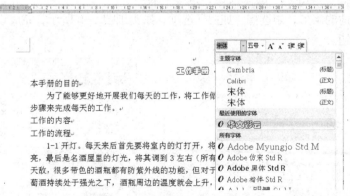

实训图 1-4　通过浮动工具栏设置字体

4. 文本字号设置

（1）菜单栏设置

选中要设置的文本，在"开始"→"字体"选项组单击"字号"下拉按钮，在下拉菜单中选择字号，如选择"小一"，如实训图 1-5 所示。或者在字号栏中输入 1~1638 磅的任意数字，按 Enter 键直接进行字号设置。

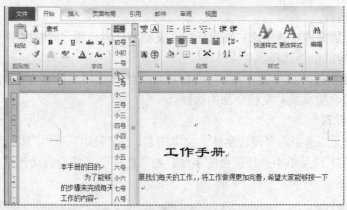

实训图 1-5 通过菜单栏设置字号

（2）"字体"对话框设置

选中要设置的文本，按 Ctrl+Shift+P 组合键，打开"字体"对话框，此时 Word 会自动选中"字号"框内的字号值，用户可以直接键入字号值，也可以按键盘上的方向键↑键或↓键来选择字号列表中的字号，最后按 Enter 键或单击"确定"按钮即可完成字号的设置，如实训图 1-6 所示。

5. 文本字形与颜色设置

（1）字形的设置

STEP 1 选择需要设置字形的文本内容，在"开始"→"字体"选项组中单击快捷按钮 📐，如实训图 1-7 所示。

STEP 2 打开"字体"对话框，在"字形"列表框中单击上下选择按钮，选择一种

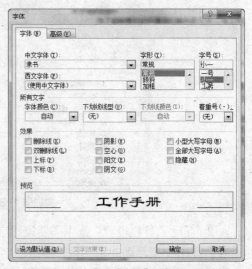

实训图 1-6 通过"字体"对话框设置字号

合适的字形，如选择"加粗"选项，如实训图 1-8 所示，完成设置后单击"确定"按钮。

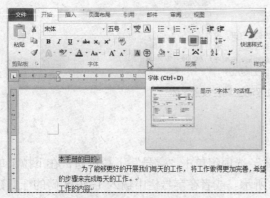

实训图 1-7 选择快捷按钮

实训图 1-8 在"字体"对话框设置字形

（2）颜色的设置

STEP 1 选择需要设置颜色的文本内容，在"开始"→"字体"选项组中单击快捷按钮 🔲，打开"字体"对话框。在"所有文字"选项下的"字体颜色"中单击下拉按钮，选择合适的字体颜色，如"紫色"，如实训图 1-9 所示，单击"确定"按钮后，完成字体颜色的设置。

STEP 2 选择需要设置颜色的文本内容，在"开始"→"字体"选项组中单击"字体颜色"按钮 **A·**，打开下拉颜色菜单，选择合适的颜色，如选择"紫色"，如实训图 1-10所示，也可设置字体颜色。

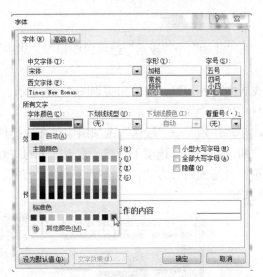

实训图 1-9　在"字体"对话框设置字体颜色

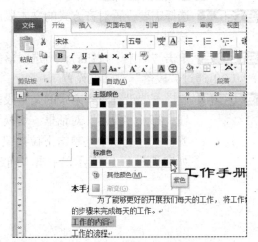

实训图 1-10　在菜单栏设置字体颜色

6. 文本特殊效果设置

STEP 1 选择需要设置特殊效果的文本内容，在"开始"→"字体"选项组中单击快捷按钮 🔲，打开"字体"对话框。在"效果"选项下勾选需要添加的效果复选框，如勾选"空心"复选框，如实训图 1-11 所示。

STEP 2 完成设置后，单击"确定"按钮，文本的最终显示如实训图 1-12 所示。

实训图 1-11　选择"空心"样式

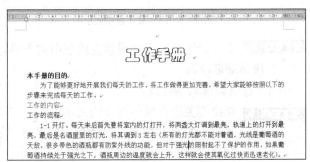

实训图 1-12　空心字体效果

实训二 段落格式设置

一、实训目的

在 Word 中段落有较多的设置选项，包括行间距、段落间距、段落缩进等不同的格式设置，这些也是初学者需要掌握的 Word 基础知识。

二、实训内容

1.对齐方式设置

（1）通过快捷按钮快速设置

STEP 1 选择需要设置对齐方式的文本段落，在"开始"→"段落"选项组中单击"居中"按钮。

STEP 2 单击"居中"按钮后，所选段落完成居中对齐设置，效果如实训图 1-13 所示。

（2）通过"段落"对话框设置

STEP 1 选择需要设置对齐方式的文本段落，在"开始"→"段落"选项组中单击快捷按钮，打开"段落"对话框。切换到"缩进和间距"选项下，在"常规"下的"对齐方式"选项中，单击下拉按钮，选择合适的对齐方式，如选择"居中"方式，如实训图 1-14 所示，单击"确定"按钮。

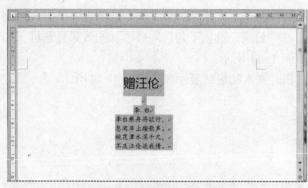

实训图 1-13 文本居中显示

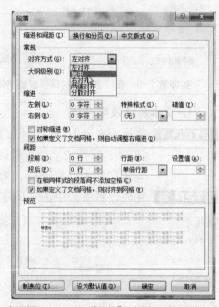

实训图 1-14 在"段落"对话框设置对齐方式

STEP 2 完成设置后，所选段落完成居中对齐设置。

2.段落缩进设置

（1）通过段落对话框设置

STEP 1 选择需要进行段落缩进的文本内容，在"开始"→"段落"选项组中单击快捷按钮，打开"段落"对话框。切换至"缩进和间距"选项卡，在"缩进"栏下，单击"特殊格式"的下拉按钮，在下拉列表中选择"首行缩进"选项，如实训图 1-15 所示。

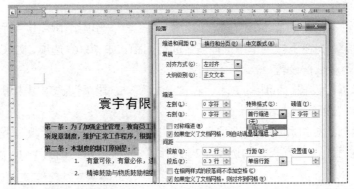

实训图 1-15　设置首行缩进

STEP 2 完成设置后，单击"确定"按钮，完成所选段落首行缩进的设置，效果如实训图 1-16 所示。

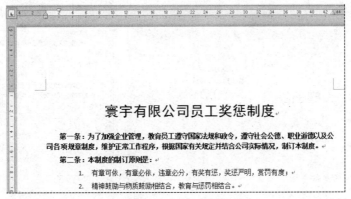

实训图 1-16　首行缩进效果

（2）通过标尺设置

将光标定位在需要进行段落缩进的开始处，拖动标尺上的滑块▽至合适的缩进距离，如拖动水平标尺至 2 字符处，如实训图 1-17 所示，完成首行缩进 2 个字符，松开鼠标即可。

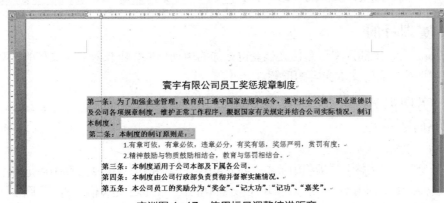

实训图 1-17　使用标尺调整缩进距离

3.行间距设置

行间距指的是在文档中相邻行之间的距离，通过调整行间距可以有效地改善版面效果，使文档达到预期的预览效果。具体的行间距设置方法如下。

（1）通过菜单栏设置

选择需要设置行间距的文本，在"开始"→"段落"选项组中单击"行和段落间距"按钮 ≡·，打开下拉菜单，在下拉菜单中选择适合的行间距，如"2.0"选项，如实训图 1-18 所示。

（2）通过段落对话框设置

STEP 1 选择需要设置行间距的文本，在"开始"→"段落"选项组中单击快捷按钮 ⊡，打开"段落"对话框。

STEP 2 切换到"缩进和间距"选项卡，在"间距"栏下单击"行距"下拉按钮，选择合适的行距设置方式，如选择"2 倍行距"选项，如实训图 1-19 所示。

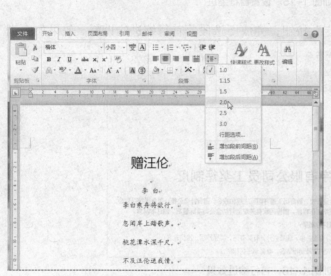

实训图 1-18　在菜单栏设置行距

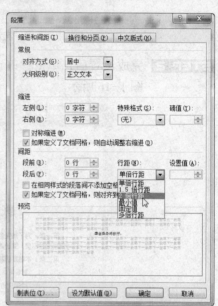

实训图 1-19　在"段落"对话框设置行距

实训三　表格和图表的应用

一、实训目的

在 Word 文档中插入图形会使文档变得更加的生动形象，不仅增强了文档的美观性、可读性，也能增强读者对文本内容的理解。

二、实训内容

1.表格的操作技巧

（1）插入表格

在"开始"→"表格"选项组中单击"插入表格"下拉按钮，在下拉菜单中拖动鼠标选择一个 5×5 的表格，如实训图 1-20 所示，即可在文档中插入一个 5×5 的表格，如实训图 1-21 所示。

（2）将文本转化为表格

STEP 1 将文档中的"、"号和"："号更改为","号，在"插入"→"表格"选项组中单击"表格"下拉按钮，在下拉菜单中选择"文本转换成表格"命令，如实训图 1-22 所示。

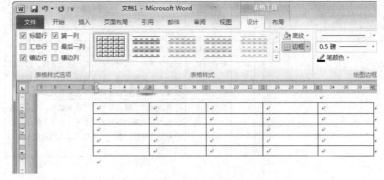

实训图 1-20　选择表格行列数　　　　　　　　　实训图 1-21　插入表格

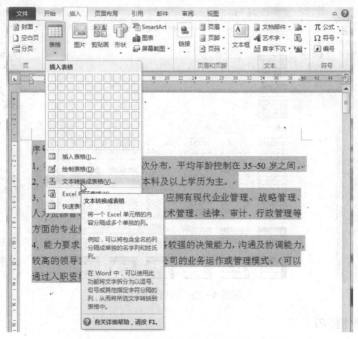

实训图 1-22　选择"将文本转换为表格"命令

STEP 2 打开"将文字转换成表格"对话框，选中"根据内容调整表格"单选项，接着选中"逗号"单选项，如实训图 1-23 所示。

STEP 3 单击"确定"按钮，即可将所选文字转换成表格内容，如实训图 1-24 所示。

（3）套用表格样式

STEP 1 单击表格任意位置，在"设计"→"表格样式"选项组中单击 按钮，在下拉菜单中选择要套用的表格样式，如实训图 1-25 所示。

STEP 2 选择套用的表格样式后，系统自动为表格应用选中的样式，效果如实训图 1-26 所示。

实训图 1-23　设置转换样式

序号	类别	需求
1	年龄结构	保持年龄的梯次分布，平均年龄控制在35~50岁之间。
2	学历结构	经营决策者以本科及以上学历为主。
3	专业结构	经营决策者必须对应拥有现代企业管理、战略管理、人力资源管理、财务管理、生产技术管理、法律、审计、行政管理等方面的专业知识。
4	能力要求	经营决策者必须具备较强的决策能力，沟通及协调能力，较高的领导艺术水平，必须了解公司的业务运作或管理模式。（可以通过入职资格考试加以保证）。

实训图 1-24　文本转换为表格

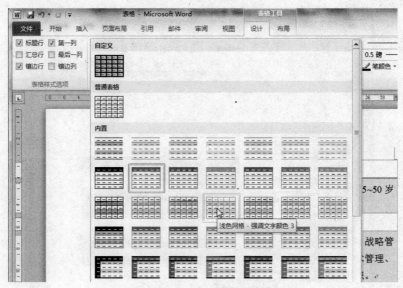

实训图 1-25　选择套用的样式

2.图表的操作技巧

（1）插入图表

STEP 1 在"插入"→"图表"选项组中单击"图表"按钮，如实训图 1-27 所示。

序号	类别	需求
1	年龄结构	保持年龄的梯次分布，平均年龄控制在35~50岁之间。
2	学历结构	经营决策者以本科及以上学历为主。
3	专业结构	经营决策者必须对应拥有现代企业管理、战略管理、人力资源管理、财务管理、生产技术管理、法律、审计、行政管理等方面的专业知识。
4	能力要求	经营决策者必须具备较强的决策能力，沟通及协调能力，较高的领导艺术水平，必须了解公司的业务运作或管理模式。（可以通过入职资格考试加以保证）。

实训图 1-26　应用样式效果

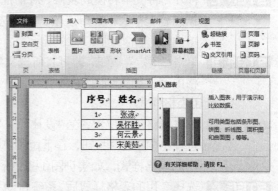

实训图 1-27　单击"图表"按钮

STEP 2 打开"插入图表"对话框，在左侧单击"柱形图"，在右侧选择一种图表类型，如实训图 1-28 所示。

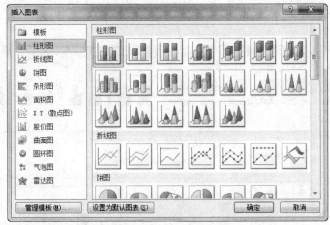

实训图 1-28 选择图表样式

STEP 3 此时系统会弹出 Excel 表格，并在表格中显示了默认的数据，如实训图 1-29 所示。
STEP 4 将需要创建表格的 Excel 数据复制到默认工作表中，如实训图 1-30 所示。

实训图 1-29 系统默认数据源　　　　实训图 1-30 更改数据源

STEP 5 系统自动根据插入的数据源创建柱形图，效果如实训图 1-31 所示。

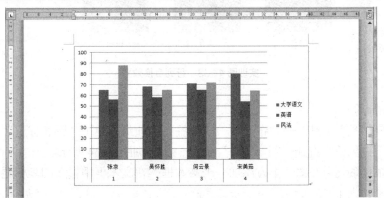

实训图 1-31 创建柱形图

（2）行列互换

在"图表工具"→"设计"→"数据"选项组中单击"切换行/列"按钮，如实训图 1-32 所示，即可更改图表数据源的行列表达，效果如实训图 1-33 所示。

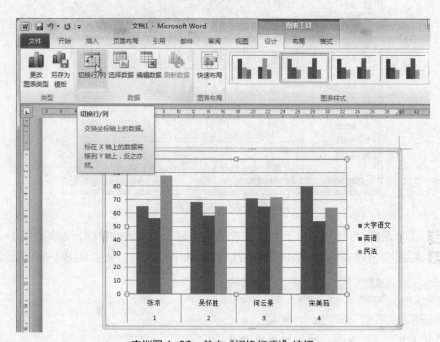

实训图 1-32　单击"切换行/列"按钮

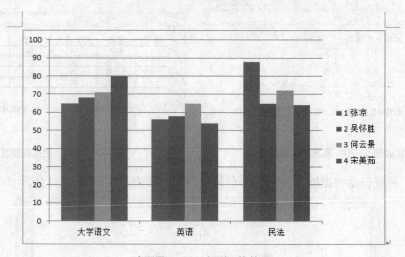

实训图 1-33　行列互换效果

（3）添加标题

STEP 1 在"图表工具"→"布局"→"标签"选项组中单击"图表标题"下拉按钮，在下拉菜单中选择"图表上方"命令，如实训图 1-34 所示。

STEP 2 此时系统会在图表上方添加一个文本框，在文本框中输入图表标题即可，效果如图实训 1-35 所示。

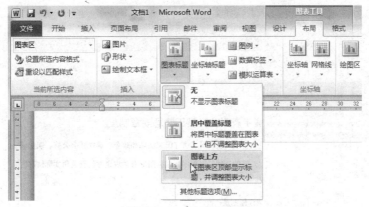

实训图 1-34 选择图表样式

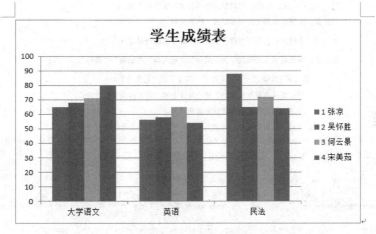

实训图 1-35 插入图表

实训四 页面布局

一、实训目的

在 Word 的编辑过程中，页面的大小设置直接关系到最终的显示效果，页面的大小与纸张大小、页边距的大小都有很大的关系。

二、实训内容

1.更改页边距

在"页面布局"→"页面设置"选项组中单击"页边距"下拉按钮，在下拉菜单中提供了 5 种具体的页面设置，分别为"普通，窄，适中，宽，镜像"选项，用户可根据需要选择页边距样式，这里选择"适中"，如实训图 1-36 所示。

2.更改纸张方向

STEP 1 在"页面布局"→"页面设置"选项组中单击"纸张方向"下拉按钮，打开下拉菜单，默认情况下为纵向的纸张，单击"横向"选项，如实训图 1-37 所示。

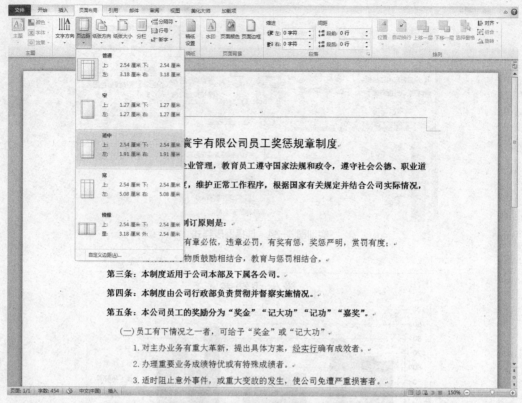

实训图 1-36　选择"适中"页边距

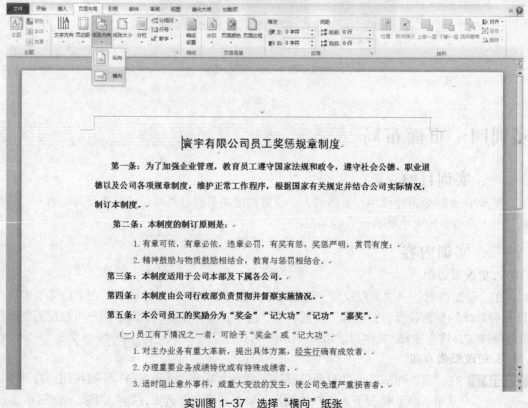

实训图 1-37　选择"横向"纸张

STEP 2 文档的纸张方向更改为横向，效果如实训图 1-38 所示。

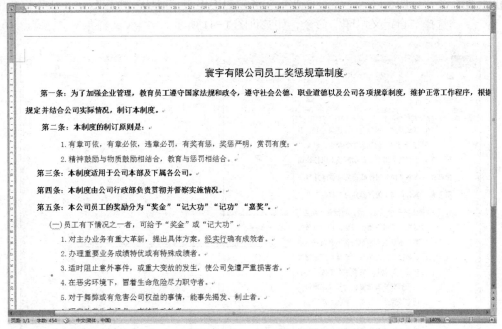

实训图 1-38　横向纸张效果

3. 更改纸张大小

STEP 1 在"页面布局"→"页面设置"选项组中单击快捷按钮▫，如实训图 1-39 所示。

STEP 2 打开"页面设置"对话框，单击"纸张大小"下拉按钮，在下拉菜单中选择"16 开"，如实训图 1-40 所示。

实训图 1-39　单击快捷按钮　　　　　实训图 1-40　选择纸张

STEP 3 单击"确定"按钮，即可完成设置。

4. 为文档添加文字水印

STEP 1 在"页面布局"→"页面背景"选项组中单击"水印"下拉按钮，在下拉菜单中选择"自定义水印"命令，如实训图 1-41 所示。

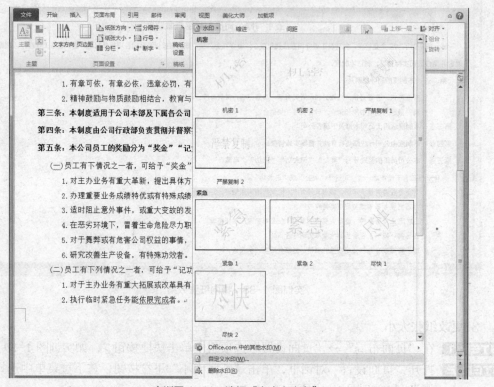

实训图 1-41 选择"自定义水印"

STEP 2 打开"水印"对话框，选中"文字水印"单选钮，接着单击"文字"右侧文本框下拉按钮，在下拉菜单中选择"传阅"选项，接着设置文字颜色，如实训图 1-42 所示。

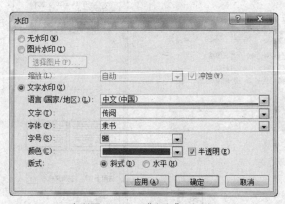

实训图 1-42 "水印"对话框

STEP 3 单击"确定"按钮，系统即可为文档添加自定义的水印效果，如实训图 1-43 所示。

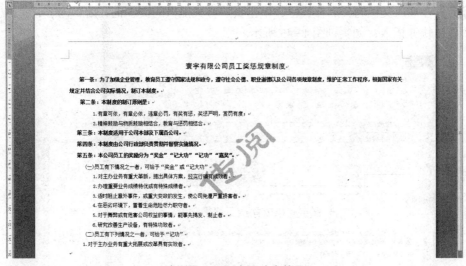

实训图 1-43　插入水印效果

实训五　页眉页脚和页码设置

一、实训目的

在进行文书编排后，可以在文档中添加页眉、页脚和页码，使版式更加美观大方，主题突出。在打印文档时，可以轻松将打印的文档装订成册，不至于乱了顺序。

二、实训内容

1．插入页眉

STEP 1　在"插入"→"页眉和页脚"选项组中单击"页眉"下拉按钮，在下拉菜单中选择页眉样式，如实训图 1-44 所示。

实训图 1-44　插入页眉

STEP 2 在插入文档的页眉样式里，单击页眉样式提供的文本框，编辑内容，完成页眉的快速插入，如实训图 1-45 所示。

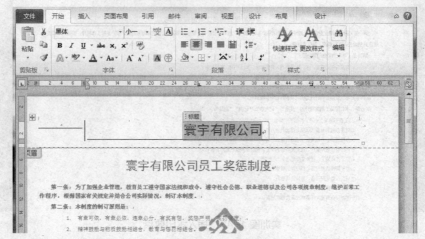

实训图 1-45　输入页眉

2.插入页脚

STEP 1 在"页眉和页脚工具"→"导航"选项组中单击"转至页脚"按钮，如实训图 1-46 所示。

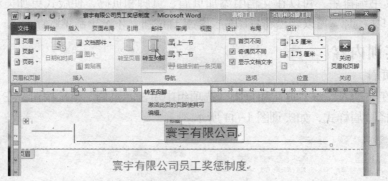

实训图 1-46　转到页脚

STEP 2 切换到页脚区域，在页脚区域中输入文字，如实训图 1-47 所示。

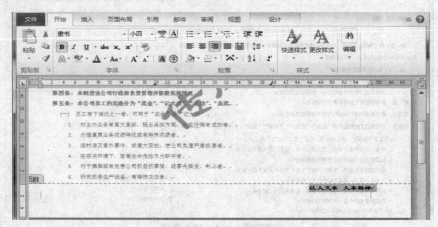

实训图 1-47　设置页脚

3. 插入页码

STEP 1 在"页眉页脚工具"→"页眉和页脚"选项组中单击"页码"下拉按钮，在下拉菜单中选择"页面底端"命令，在弹出的菜单中选择合适的页码插入形式，如选择"普通数字2"命令，如实训图1-48所示。

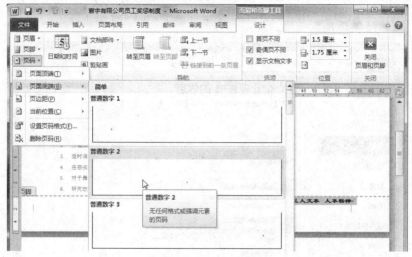

实训图 1-48　插入页码

STEP 2 设置完成后，在"页眉页脚工具"→"关闭"选项组中单击"关闭页眉页脚"按钮，即可完成设置，效果如实训图1-49所示。

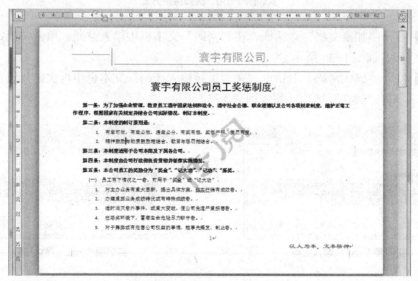

实训图 1-49　插入页码后的效果

实训六　文档的保护与打印

一、实训目的

对于制作好的文档，为了防止其他用户对文档进行更改，可以设置文档的保护。如果想要将文档内容显示在纸张上，可以将其打印出来，以供查阅。

二、实训内容

1.用密码保护文档

STEP 1 单击"文件"→"信息"命令，在右侧窗格单击"保护文档"下拉按钮，在其下拉列表中选择"用密码进行加密"，如实训图 1-50 所示。

实训图 1-50　选择保护方式

STEP 2 打开"加密文档"对话框，在"密码"文本框中输入密码，单击"确定"按钮，如实训图 1-51 所示。

STEP 3 打开"确认密码"对话框，在"重新输入密码"文本框中再次输入设置的密码，单击"确定"按钮，如实训图 1-52 所示。

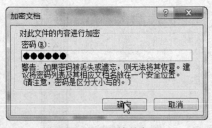
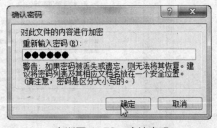

实训图 1-51　输入密码　　　　　　　　　　　实训图 1-52　确认密码

STEP 4 关闭文档后，再次打开文档时，系统会提示先输入密码，如果密码不正确则不能打开文档。

2.打印文档

STEP 1 单击"文件"→"打印"命令，在右侧窗格单击"打印"按钮，即可打印文档，如实训图 1-53 所示。

STEP 2 在右侧窗格的"打印预览"区域，可以看到预览情况。在"打印所有文档"下拉列表中可以设置打印当前页或打印整个文档。

实训图 1-53　打印文档

STEP 3 在"单面打印"下拉菜单中可以设置单面打印或者手动双面打印。

STEP 4 此外还可以设置打印纸张方向、打印纸张型号、正常边距等，用户可以根据需要
自行设置。

第 2 章
Excel 2010 电子表格
实训指导

实训一　工作簿与工作表操作

一、实训目的

要制作 Excel 表格，需要先学会创建工作簿，才能对工作簿进行操作。接着练习在工作簿中对工作表进行插入、删除、移动等操作。

二、实训内容

1.创建工作簿

在 Excel 2010 中可以采用多种方法新建工作簿，可以通过下面介绍的方法来实现。

（1）新建一个空白工作簿

方法一：启动 Excel 2010 应用程序后，立即创建一个新的空白工作簿，如实训图 2-1 所示。

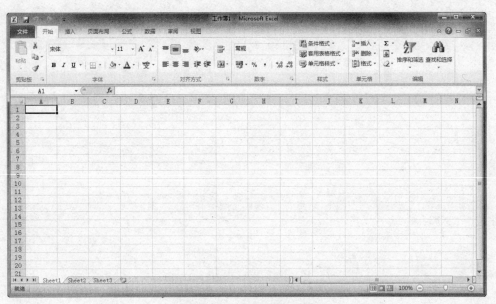

实训图 2-1　创建空白工作簿

方法二：在打开 Excel 的一个工作表后，按 Ctrl+N 组合键，立即创建一个新的空白工作簿。

方法三：单击"文件"→"新建"命令，在右侧选中"空白工作簿"，接着单击"创建"按钮（见实训图 2-2），立即创建一个新的空白工作簿。

实训图 2-2　根据模板创建

（2）根据现有工作簿建立新的工作簿

根据工作簿"学生成绩"建立一个新的工作簿，具体操作步骤如下。

STEP 1 启动 Excel 2010 应用程序，单击"文件"→"新建"命令，打开"新建工作簿"任务窗格，在右侧选中"根据现有内容新建"，如实训图 2-3 所示。

实训图 2-3　"新建工作簿"任务窗格

STEP 2 打开"根据现有工作簿新建"对话框，选择需要的工作簿文档，如"学生成绩"，单击"新建"按钮即可根据工作簿"学生成绩"建立一个新的工作簿，如实训图 2-4 所示。

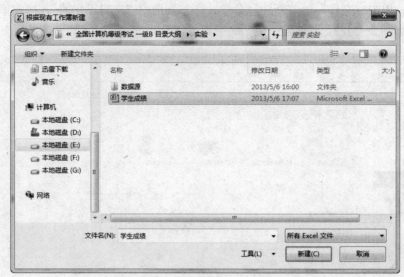

实训图 2-4　"根据现有工作簿新建"对话框

（3）根据模板建立工作簿

根据模板建立一个新的工作簿，具体操作步骤如下。

STEP 1 单击"文件"→"新建"命令，打开"新建工作簿"任务窗格。

STEP 2 在"模板"栏中有"可用模板""Office.com 模板"，可根据需要进行选择，如实训图 2-5 所示。

实训图 2-5　"新建工作簿"任务窗格

2.插入工作表

在编辑工作簿的过程中，如果工作表数目不够用，可以通过下面介绍的方法来插入工作表。

STEP 1 单击工作表标签右侧的插入工作表按钮 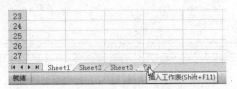 来实现，如实训图 2-6 所示。

STEP 2 每单击一次，可以插入一个工作表，如实训图 2-7 所示。

实训图 2-6 单击"插入工作表"按钮

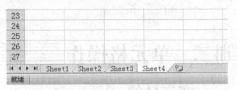

实训图 2-7 插入"Sheet4"工作表

3. 删除工作表

下面介绍删除工作簿中 Sheet4 工作表的方法。

在 Sheet4 工作表标签上用鼠标右键单击，在弹出的快捷菜单中选择"删除"命令，即可删除 Sheet4 工作表，如实训图 2-8 所示。

实训图 2-8 单击"删除"命令

4. 移动或复制工作表

移动或复制工作表可在同一个工作簿内也可在不同的工作簿之间来进行，具体操作步骤如下。

STEP 1 选择要移动或复制的工作表，如实训图 2-9 所示。

STEP 2 用鼠标右键单击要移动或复制的工作表标签，选择"移动或复制工作表"命令，打开"移动或复制工作表"对话框，如实训图 2-10 所示。

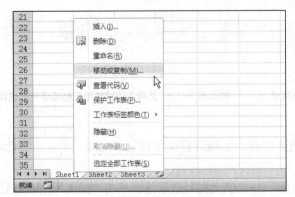

实训图 2-9 选择要移动或复制的工作表

实训图 2-10 "移动或复制工作表"对话框

STEP 3 在"工作簿"下拉列表中选择要移动或复制到的目标工作簿名，如"学生成绩"。

STEP 4 在"下列选定工作表之前"列表框中选择把工作表移动或复制到"学生成绩"工

作表前。

STEP 5 如果要复制工作表，应勾选"建立副本"复选框，否则为移动工作表，最后单击"确定"按钮。

实训二 单元格操作

一、实训目的

单元格是表格承载数据的最小单位，表格主要的操作也是在单元格中进行的。因此，需要掌握有关单元格的基本操作，如选择、插入、删除、合并单元格，以及调整行高、列宽等操作。

二、实训内容

1.选择单元格

在单元格中输入数据之前，先要选择单元格。

（1）选择单个单元格

选择单个单元格的方法非常简单，具体操作步骤为：将鼠标指针移动到需要选择的单元格上，单击该单元格即可选择，选择后的单元格四周会出现一个黑色粗边框。

（2）选择连续的单元格区域

要选择连续的单元格区域，可以按照如下两种方法操作。

方法一：拖动鼠标光标选择。若选择 A3:F10 单元格区域，可单击 A3 单元格，按住鼠标左键不放并拖动光标到 F10 单元格，此时释放鼠标左键，即可选中 A3:F10 单元格区域，如实训图 2-11 所示。

方法二：快捷键选择单元格区域。若选择 A3:F10 单元格区域，可单击 A3 单元格，在按住 Shift 键的同时，单击 F10 单元格，即可选中 A3:F10 单元格区域。

（3）选择不连续的单元格或区域

按住 Ctrl 键的同时，逐个单击需要选择的单元格或单元格区域，即可选择不连续单元格或单元格区域，如实训图 2-12 所示。

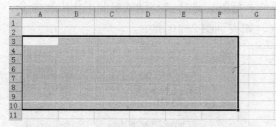

实训图 2-11 拖动鼠标光标选择连续的单元格区域

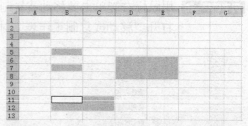

实训图 2-12 选择不连续的单元格或单元格区域

2.插入单元格

在编辑表格过程中有时需要不断地更改表格，如规划好框架后发现漏掉一个元素，此时需要插入单元格。其具体操作步骤如下。

STEP 1 选中 A5 单元格，切换到"开始"→"单元格"选项组，单击"插入"下拉按钮，选择"插入单元格"命令，如实训图 2-13 所示。

STEP 2 弹出"插入"对话框，选择在选定单元格的前面还是上面插入单元格，如实训图 2-14 所示。

实训图 2-13　选中 A5 单元格　　　　　　　　实训图 2-14　"插入"对话框

STEP 3 单击"确定"按钮，即可插入单元格，如实训图 2-15 所示。

3. 删除单元格

删除单元格时，先选中要删除的单元格，在右键菜单中选择"删除"命令，接着在弹出的"删除"对话框中选择"右侧单元格左移"或"下方单元格上移"即可。

4. 合并单元格

在表格的编辑过程中经常需要合并单元格，包括将多行合并为一个单元格、多列合并为一个单元格、多行多列合并为一个单元格。具体操作步骤如下。

STEP 1 在"开始"→"对齐方式"选项组中单击"合并后居中"下拉按钮，展开下拉菜单，如实训图 2-16 所示。

实训图 2-15　插入单元格后的结果　　　　　　实训图 2-16　"合并后居中"下拉菜单

STEP 2 单击"合并后居中"选项，其合并效果如实训图 2-17 所示。

5. 调整行高和列宽

当单元格中输入的内容过长时，可以调整行高和列宽，其操作步骤如下。

STEP 1 选中需要调整行高的行，切换到"开始"→"单元格"选项组，单击"格式"下拉按钮，在下拉菜单中选择"行高"选项，如实训图 2-18 所示。

实训图 2-17　合并后的效果

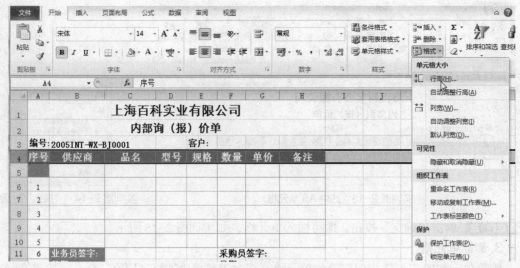

实训图 2-18　"格式"下拉菜单

STEP 2 弹出"行高"对话框，在"行高"文本框中输入要设置的
行高值，如实训图 2-19 所示。

实训图 2-19　"行高"
对话框

注意　　要调整列宽，其方法类似。

实训三　输入数据

一、实训目的

在工作表中可输入的数据类型有很多，包括数值、文本、日期、货币等类型，还涉及利用填充的方法实现数据的批量输入。下面来练习 Excel 2010 的数据输入。

二、实训内容

1. 输入文本

一般来说，输入到单元格中的中文汉字即为文本型数据，另外，还可以将输入的数字设置为文本格式，可以通过下面介绍的方法来实现。

STEP 1 打开工作表，选中单元格，输入数据，其默认格式为"常规"，如实训图 2-20 所示。

STEP 2 此时如果想在"序号"列中输入"001""002"……这种形式的序号，直接输入后如实训图 2-21 左图所示，但显示的结果如实训图 2-21 右图所示（前面的 0 自动省略）。

实训图 2-20 默认格式为"常规"

实训图 2-21 输入显示的结果

STEP 3 如果想显示 0，这时则需要首先设置单元格的格式为"文本"，然后再输入序号。选中要输入"序号"的单元格区域，切换到"开始"菜单，在"数字"选项组中单击设置单元格格式按钮 ，弹出"设置单元格格式"对话框，在"分类"列表中选择"文本"选项，如实训图 2-22 所示。

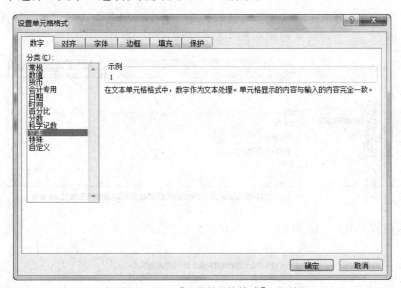

实训图 2-22 "设置单元格格式"对话框

STEP 4 单击"确定"按钮，再输入以 0 开头的编号时即可正确显示出来，如实训图 2-23 所示。

2.输入数值

直接在单元格中输入数字，默认是可以参与运算的数值。但根据实际操作的需要，有时需要设置为数值的其他显示格式，如包含特定位数的小数、以货币值显示等。

（1）输入包含指定小数位数的数值

当输入数值包含小数位时，输入几位小数，单元格中就显示出几位小数。如果希望

	A	B	C	D	E	F	G
1	进货记录						
2	序号	日期	供应商名称	编号	货物名称	型号规格	单位
3	001		总公司	J-1234	小鸡料	1*45	包
4	002		家和	J-2345	中鸡料	1*100	包
5	003		家乐粮食加工	J-3456	大鸡料	1*50	包
6	004		平南猪油厂	J-4567	肥鸡料	1*50	包
7	005						
8	006		家和	J-2345	中鸡料	1*100	包
9							

实训图 2-23 输入以 0 开头的编号

所有输入的数值都包含几位小数（如 3 位，不足 3 位的用 0 补齐），可以按如下方法设置。

STEP 1 选中要输入包含 3 位小数数值的单元格区域，在"开始"→"数字"选项组中单击设置单元格格式按钮，如实训图 2-24 所示。

实训图 2-24 单击 按钮

STEP 2 打开"设置单元格格式"对话框，在"分类"列表中选择"数值"选项，然后根据实际需要设置小数的位数，如实训图 2-25 所示。

实训图 2-25 "设置单元格格式"对话框

STEP 3 单击"确定"按钮,在设置了格式的单元格中输入数值时自动显示为包含 3 位小数,如实训图 2-26 所示。

	A	B	C	D	E	F	G	H	I	J
1	进货记录									
2	序号	日期	供应商名称	编号	货物名称	型号规格	单位	数量	单价	进货金额
3	001		总公司	J-1234	小鸡料	1*45	包	100	156.000	
4	002		家和	J-2345	中鸡料	1*100	包	55	159.500	
5	003		家乐粮食加工	J-3456	大鸡料	1*50	包	65	146.300	
6	004		平南猪油厂	J-4567	肥鸡料	1*50	包	100	167.800	
7	005									
8	006		家和	J-2345	中鸡料	1*100	包			
9	007									
10	008									

实训图 2-26　显示为包含 3 位小数

（2）输入货币数值

要让输入的数据显示为货币格式,可以按如下方法操作。

STEP 1 打开工作表,选中要设置为"货币"格式的单元格区域,切换到"开始"→"数字"选项组,单击设置单元格格式按钮 ，弹出"设置单元格格式"对话框。在"分类"列表中选择"货币"选项,并设置小数位数、货币符号的样式,如实训图 2-27 所示。

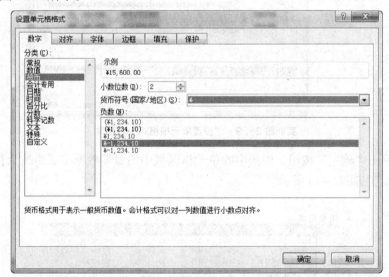

实训图 2-27　"设置单元格格式"对话框

STEP 2 单击"确定"按钮,则选中的单元格区域数值格式更改为货币格式,如实训图 2-28所示。

	A	B	C	D	E	F	G	H	I	J
1	进货记录									
2	序号	日期	供应商名称	编号	货物名称	型号规格	单位	数量	单价	进货金额
3	001		总公司	J-1234	小鸡料	1*45	包	100	156.000	¥15,600.00
4	002		家和	J-2345	中鸡料	1*100	包	55	159.500	¥8,772.50
5	003		家乐粮食加工	J-3456	大鸡料	1*50	包	65	146.300	¥9,509.50
6	004		平南猪油厂	J-4567	肥鸡料	1*50	包	100	167.800	¥16,780.00
7	005									
8	006		家和	J-2345	中鸡料	1*100	包			
9	007									
10	008									

实训图 2-28　更改为货币格式

3. 输入日期数据

要在 Excel 表格中输入日期，需要以 Excel 可以识别的格式输入，如输入"13-3-2"，按回车键则显示"2013-3-2"；输入"3-2"，按回车键后其默认的显示结果为"3 月 2 日"。如果想以其他形式显示数据，可以通过下面介绍的方法来实现。

STEP 1 选中要设置为特定日期格式的单元格区域，切换到"开始"→"数字"选项组，单击 按钮，弹出"设置单元格格式"对话框。

STEP 2 在"分类"列表中选择"日期"选项，并设置小数位数，接着在"类型"列表框中选择需要的日期格式，如实训图 2-29 所示。

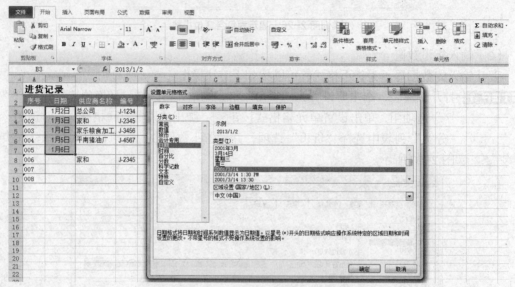

实训图 2-29　"设置单元格格式"对话框

STEP 3 单击"确定"按钮，则选中的单元格区域中的日期数据格式更改为指定的格式，如实训图 2-30 所示。

	序号	日期	供应商名称	编号	货物名称	型号规格	单位	数量	单价	进货金额
	001	2013/1/2	总公司	J-1234	小鸡料	1*45	包	100	156.000	￥15,600.00
	002	2013/1/3	家和	J-2345	中鸡料	1*100	包	55	159.500	￥8,772.50
	003	2013/1/4	家乐粮食加工	J-3456	大鸡料	1*50	包	65	146.300	￥9,509.50
	004	2013/1/5	平南猪油厂	J-4567	肥鸡料	1*50	包	100	167.800	￥16,780.00
	005	2013/1/6								
	006		家和	J-2345	中鸡料	1*100	包			
	007									
	008									

进货记录

实训图 2-30　更改为指定的日期格式

4. 用填充功能批量输入

在工作表特定的区域中输入相同数据或是有一定规律的数据时，可以使用数据填充功能来快速输入。

（1）输入相同数据

具体操作步骤如下所述。

STEP 1 在单元格中输入第一个数据（如此处在 B3 单元格中输入"冠益乳"），将光标定位在单元格右下角的填充柄上，如实训图 2-31 所示。

STEP 2 按住鼠标左键向下拖动光标（见实训图 2-32），释放鼠标后，可以看到拖动过的
单元格上都填充了与 B3 单元格中相同的数据，如实训图 2-33 所示。

实训图 2-31　输入第一个数据　　实训图 2-32　鼠标左键向下拖动光标　　实训图 2-33　填充了相同数据

（2）连续序号、日期的填充

通过填充功能可以实现一些有规则数据的快速输入，如输入序号、日期、星期数、月份、
甲乙丙丁等。要实现有规律数据的填充，需要至少选择两个单元格来作为填充源，这样程序
才能根据当前选中的填充源的规律来完成数据的填充。具体操作如下。

STEP 1 在 A3 和 A4 单元格中分别输入前两个序号。选中 A3:A4 单元格区域，将光标移至
该单元格区域右下角的填充柄上，如实训图 2-34 所示。

STEP 2 按住鼠标左键不放，向下拖动光标至填充结束的位置，松开鼠标左键，拖动过的
单元格区域中会按特定的规则完成序号的输入，如实训图 2-35 所示。

实训图 2-34　选中单元格　　　　　　　　　　实训图 2-35　填充连续序号

STEP 3 日期默认情况下会自动递增，因此要实现连续日期的填充，只需要输入第一个日
期，然后按相同的方法向下填充即可实现连续日期的输入，如实训图 2-36 所示。

实训图 2-36　输入连续日期

（3）不连续序号或日期的填充

如果数据是不连续显示的，也可以实现填充输入，关键是要将填充源设置好。操作方法
如下。

STEP 1 第 1 个序号是 001，第 2 个序号是 003，那么填充得到的就是 001，003，005，007……的效果，如实训图 2-37 所示。

	A	B	C	D	E
1	产 品 价 目 一 览 表				
2	序号	品种	名称与规格	条码	单位
3	001	冠益乳	冠益乳草莓230克	6934665082407	瓶
4	003	冠益乳	冠益乳草莓450克	6934665081811	瓶
5		冠益乳	冠益乳黄桃100克	6934665082559	盒
6		冠益乳	冠益乳香橙100克	6934665082560	盒
7		百利包	百利包无糖	6934665083518	袋
8		百利包	百利包原味	6934665083501	袋
9		单果粒	草莓125克	6923644240028	条
10		单果粒	黄桃125克	6923644240783	条
11		单果粒	芦荟125克	6923644240608	条
12		单果粒	猕猴桃125克	6923644241438	条
13		单果粒	提子125克	6923644241407	条
14		袋酸	袋酸草莓	6923644260910	袋
15		袋酸	袋酸高钙	6923644260903	袋

	A	B	C	D	E
1	产 品 价 目 一 览 表				
2	序号	品种	名称与规格	条码	单位
3	001	冠益乳	冠益乳草莓230克	6934665082407	瓶
4	003	冠益乳	冠益乳草莓450克	6934665081811	瓶
5	005	冠益乳	冠益乳黄桃100克	6934665082559	盒
6	007	冠益乳	冠益乳香橙100克	6934665082560	盒
7	009	百利包	百利包无糖	6934665083518	袋
8	011	百利包	百利包原味	6934665083501	袋
9	013	单果粒	草莓125克	6923644240028	条
10	015	单果粒	黄桃125克	6923644240783	条
11	017	单果粒	芦荟125克	6923644240608	条
12	019	单果粒	猕猴桃125克	6923644241438	条
13	021	单果粒	提子125克	6923644241407	条
14	023	袋酸	袋酸草莓	6923644260910	袋
15	025	袋酸	袋酸高钙	6923644260903	袋
16		袋酸	袋酸原味	6923644261016	袋
17		复合果粒	复合草莓+树莓	6923644260699	杯

实训图 2-37　输入不连续序号及填充结果

STEP 2 第 1 个日期是 2013/5/1，第 2 个日期是 2013/5/4，那么填充得到的就是 2013/5/1，2013/5/4，2013/5/7，2013/5/10……的效果，如实训图 2-38 所示。

	A	B	C	D
1	日期	点击数		
2	2013/5/1			
3	2013/5/4			
4				
5				
6				
7				
8				
9				

	A	B	C	D
1	日期	点击数		
2	2013/5/1			
3	2013/5/4			
4	2013/5/7			
5	2013/5/10			
6	2013/5/13			
7	2013/5/16			
8	2013/5/19			
9				
10				

实训图 2-38　输入不连续日期及填充结果

实训四　数据有效性设置

一、实训目的

通过数据有效性可以建立一定的规则来限制向单元格中输入的内容，也可以有效地防止输错数据。

二、实训内容

1. 设置数据有效性

工作表中"话费预算"列的数值为 100～300 元，这时可以设置"话费预算"列的数据有效性为大于 100 小于 300 的整数。具体操作步骤如下。

STEP 1 选中设置数据有效性的单元格区域，如 B2:B9 单元格区域，在"数据"→"数据工具"选项组中单击"数据有效性"下拉按钮，在下拉菜单中选择"数据有效性"命令，如实训图 2-39 所示。

STEP 2 打开"数据有效性"对话框，在"设置"选项卡中选中"允许"下拉列表中的"整数"选项，如实训图 2-40 所示。

STEP 3 在"最小值"框中输入话费预算的最小限制金额"100"，在"最大值"框中输入话费预算的最大限制金额"300"，如实训图 2-41 所示。

实训图 2-39 "数据有效性"下拉菜单

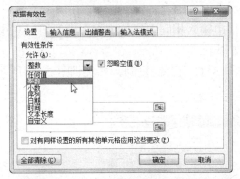

实训图 2-40 "数据有效性"对话框（1）

实训图 2-41 "数据有效性"对话框（2）

STEP 4 当在设置了数据有效性的单元格区域中输入的数值不在限制的范围内时，会弹出错误提示信息，如实训图 2-42 所示。

实训图 2-42 弹出错误信息

2. 设置鼠标指向时显示提示信息

通过数据有效性的设置，可以实现让鼠标指向时就显示提示信息，从而达到提示输入的目的。具体操作步骤如下。

STEP 1 选中设置数据有效性的单元格区域，在"数据"→"数据工具"选项组中单击"数据有效性"按钮，打开"数据有效性"对话框。

STEP 2 选择"输入信息"选项卡，在"标题"文本框中输入"请注意输入的金额"；在"输入信息"文本框中输入"请输入 100～300 之间的预算话费!!"，如实训图 2-43 所示。

STEP 3 设置完成后，当光标移动到之前选中的单元格上时，会自动弹出浮动提示信息窗口，如实训图 2-44 所示。

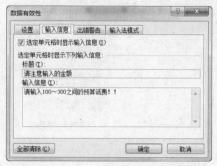

实训图 2-43 "数据有效性"对话框

实训图 2-44 设置后的效果

3. 复制数据

在表格编辑过程中，经常会出现在不同单元格中输入相同内容的情况，此时可以利用复制的方法以实现数据的快速输入。具体操作步骤如下。

STEP 1 打开工作表，选择要复制的数据，按 Ctrl+C 组合键复制，如实训图 2-45 所示。

实训图 2-45 复制数据

STEP 2 选择需要复制数据的位置，按 Ctrl+V 组合键即可粘贴，效果如实训图 2-46 所示。

实训图 2-46 粘贴数据后的效果

4. 突出显示员工工资大于 3000 元的数据

在单元格格式中应用突出显示单元格规则时，可以设置满足某一规则的单元格突出显示出来，如大于或小于某一规则。下面介绍设置员工工资大于 3000 元的数据以红色标记显示，具体操作如下。

STEP 1 选中显示成绩的单元格区域，在"开始"→"样式"选项组中单击 条件格式▼ 按钮，在弹出的下拉菜单中可以选择条件格式，此处选择"突出显示单元格规则→大于"，如实训图 2-47 所示。

实训图 2-47 "条件格式"下拉菜单

STEP 2 弹出"大于"对话框，设置单元格值大于"3000"显示为"浅红填充色深红色文本"，如实训图 2-48 所示。

STEP 3 单击"确定"按钮回到工作表中，可以看到所有分数大于 3000 的单元格都显示为红色，如实训图 2-49 所示。

实训图 2-48 "大于"对话框

实训图 2-49 设置后的效果

5. 使用数据条突出显示采购费用金额

在 Excel 2010 中，利用数据条功能可以非常直观地查看区域中数值的大小情况。下面介绍使用数据条突出显示采购费用金额。

STEP 1 选中 C 列中的库存数据单元格区域，在"开始"→"样式"选项组中单击 📊 条件格式 · 按钮，在弹出的下拉菜单中单击"数据条"子菜单，接着选择一种合适的数据条样式。

STEP 2 选择合适的数据条样式后，在单元格中就会显示出数据条，如实训图 2-50 所示。

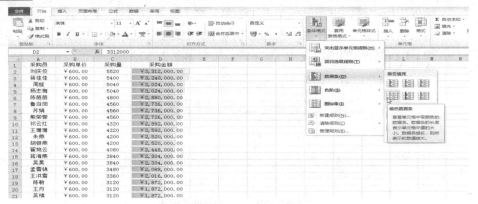

实训图 2-50 设置后的效果

实训五　公式与函数使用

一、实训目的

公式和函数都是 Excel 进行计算的表达式，可以轻松完成各种复杂的计算。下面练习公式输入、函数输入和常用函数的使用。

二、实训内容

1. 输入公式

打开"员工考核表"工作簿，在"行政部"工作表中，利用公式计算出平均分。具体操作步骤如下。

STEP 1 启动 Excel 2010 应用软件，单击"文件"选项卡→"打开"命令，在弹出的"打开"对话框中选择"员工考核表"工作簿，单击"打开"按钮，如实训图 2-51 所示。

实训图 2-51　"打开"对话框

STEP 2 选定"行政部"工作表。把光标定位在 E2 单元格，先输入等号"="，输入左括号"("，然后用鼠标单击 B2 单元格，输入加号"+"，再用鼠标单击 C2 单元格，输入加号"+"，再用鼠标单击 D2 单元格，输入右括号")"，再输入除号"/"，输入除数"3"。这时 E2 单元格的内容就变成了"=（B2+C2+D2）/3"，按回车键，E2 单元格的内容变成了"81"，如实训图 2-52 所示。

	A	B	C	D	E	F
	员工姓名	答卷考核	操作考核	面试考核	平均成绩	总分
2	刘平	87	76	80	81	
3	杨静	65	76	66		
4	汪任	65	55	63		
5	张燕	68	70	75		
6	江河	50	65	71		
7						

实训图 2-52　输入公式计算结果

STEP 3 把光标放在 E2 单元格的右下角，出现十字填充柄的时候，按住鼠标左键向下拖动光标直到 E6 单元格，如实训图 2-53 所示。

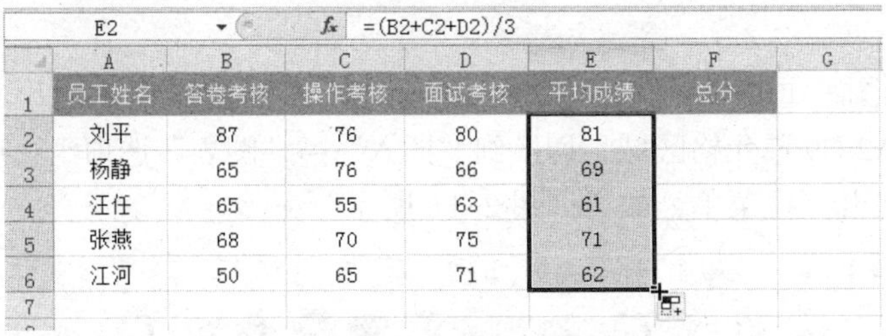

实训图 2-53　复制公式

2. 输入函数

打开"员工考核表"工作簿，在"行政部"工作表中，利用函数计算出总分。具体操作步骤如下。

STEP 1 启动 Excel 2010 应用软件，单击"文件"选项卡→"打开"命令，在弹出的"打开"对话框中选择"员工考核表"工作簿，单击"打开"按钮。

STEP 2 选定"行政部"工作表，把光标定位在 F2 单元格，先输入等号"="，输入"SUM"函数，再输入左括号"("，然后用鼠标单击 B2:D2 单元格区域，输入右括号")"。这时 F2 单元格的内容就变成了"=SUM（B2:D2）"，按回车键，F2 单元格的内容变成了"243"，如实训图 2-54 所示。

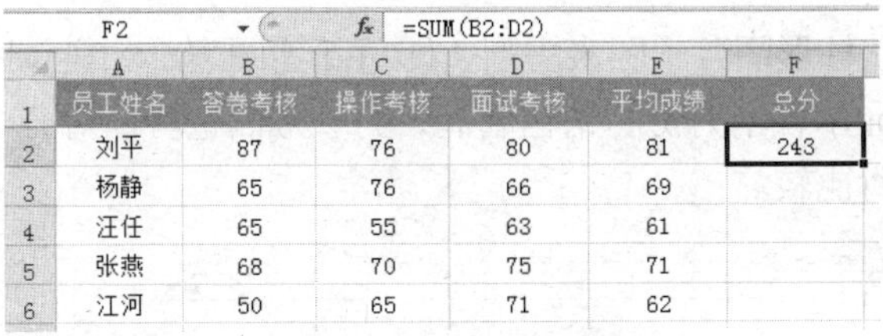

实训图 2-54　输入函数

STEP 3 把光标放在 F2 单元格的右下角，出现十字填充柄的时候，按住鼠标左键向下拖动光标直到 F6 单元格，如实训图 2-55 所示。

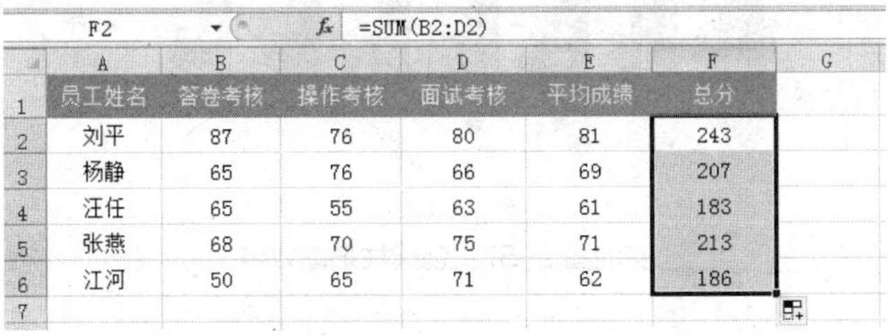

实训图 2-55　复制公式

实训六　图表操作

一、实训目的

在表格中输入数据后，可以使用图表显示数据特征，本实训练习 Excel 2010 的创建图表和编辑图表操作。

二、实训内容

1. 创建图表

下面创建柱形图来比较各月份各品牌的销售利润，具体操作步骤如下。

STEP 1 选中 A2:G9 单元格区域，切换到"插入"→"图表"选项组，单击"柱形图"按钮，打开下拉菜单，如实训图 2-56 所示。

实训图 2-56 "簇状柱形图"子图表类型

STEP 2 单击"簇状柱形图"子图表类型，即可新建图表，如实训图 2-57 所示。图表一方面可以显示各个月份的销售利润，另一方面也可以对各个月份中不同品牌产品的利润进行比较。

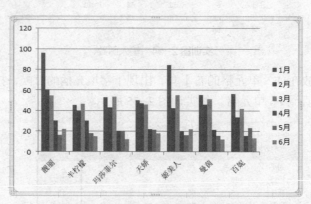

实训图 2-57 创建柱形图效果

2. 添加标题

图表标题用于表达图表反映的主题。有些图表默认不包含标题框，此时需要添加标题框并输入图表标题；或者有的图表默认包含标题框，也需要重新输入标题文字才能表达图表主题。

STEP 1 选中默认建立的图表，切换到"图表工具"→"布局"菜单，单击"图表标题"按钮展开下拉菜单，如实训图 2-58 所示。

STEP 2 单击"图表上方"命令选项，图表中则会显示"图表标题"编辑框（见图 2-59），在标题框中输入标题文字即可。

实训图 2-58 "图表标题"下拉菜单

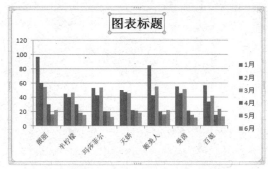

实训图 2-59 显示"图表标题"编辑框

3. 添加坐标轴标题

坐标轴标题用于对当前图表中的水平轴与垂直轴表达的内容做出说明。默认情况下不含坐标轴标题,如需使用再添加。

STEP 1 选中图表,切换到"图表工具"→"布局"菜单,单击"坐标轴标题"按钮。根据实际需要选择添加的标题类型,此处选择"主要纵坐标轴标题→竖排标题",如实训图 2-60 所示。

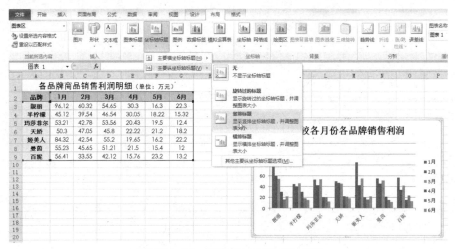

实训图 2-60 "坐标轴标题"下拉菜单

STEP 2 图表中则会添加"坐标轴标题"编辑框（见实训图 2-61），在编辑框中输入标题名称即可。

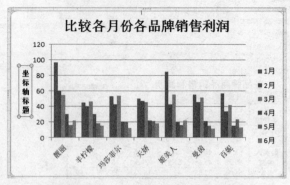

实训图 2-61　添加"坐标轴标题"编辑框

PART 3
第 3 章
PowerPoint 2010 演示文稿
实训指导

实训一　PowerPoint 2010 文档的创建、保存和退出

一、实训目的

PowerPoint 2010 专门用于制作演示文稿，即幻灯片，它广泛地应用于各种会议、教学和产品演示中。在初学 PowerPoint 时，先要掌握其创建、保存和退出等基本操作。

二、实训内容

1. PowerPoint 文档的创建

（1）用 PowerPoint 程序新建文档

在桌面上单击左下角的"开始"→"所有程序"→"Microsoft Office"→"Microsoft Office PowerPoint 2010"选项，如实训图 3-1 所示，可启动 Microsoft Office PowerPoint 2010 主程序，打开 PowerPoint 文档。

实训图 3-1　打开 PowerPoint 2010

（2）使用样本模板创建新演示文稿

如果已经打开了 PowerPoint 程序，可以在 Backstage 视窗根据内置样本新建演示文稿。

STEP 1 单击"文件"→"新建"命令，在右侧单击"样本模板"按钮，如实训图 3-2 所示。

STEP 2 打开样本模板，选择需要创建的样本，单击"创建"按钮即可，如实训图 3-3 所示。

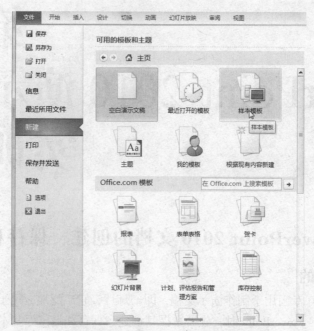

实训图 3-2 单击"样本模板"按钮

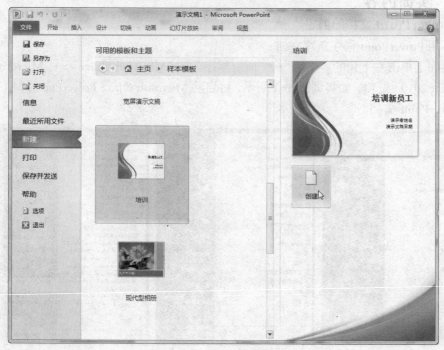

实训图 3-3 创建样本模板

（3）下载 Office Online 上的模板

STEP 1 单击"文件"→"新建"命令，在"Office.com 模板"区域单击"内容幻灯片"按钮，如实训图 3-4 所示。

STEP 2 在内容幻灯片下选择需要的模板，单击"下载"按钮，即可根据现有文档新建文档，如实训图 3-5 所示。

实训图 3-4　选择 Office Online 上的模板类型

实训图 3-5　选择需要的模板

2. PowerPoint 文档的保存

STEP 1 单击"文件"→"另存为"命令，如实训图 3-6 所示。

STEP 2 打开"另存为"对话框，为文档设置保存路径和保存类型，单击"保存"按钮即可，如实训图 3-7 所示。

3. PowerPoint 文档的退出

（1）单击"关闭"按钮

打开 Microsoft Office PowerPoint 2010 程序后，单击程序右上角的"关闭"按钮，可快速退出主程序，如实训图 3-8 所示。

（2）从 Backstage 视窗退出

打开 Microsoft Office PowerPoint 2010 程序后，单击"文件"→"退出"命令，即可关闭程序，如实训图 3-9 所示。

实训图 3-6　选择"另存为"按钮

实训图 3-7　设置保存路径

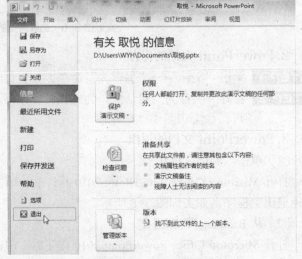

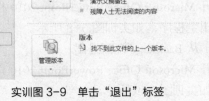

实训图 3-8　单击"关闭"按钮　　　　实训图 3-9　单击"退出"标签

实训二　母版设计

一、实训目的

幻灯片母版是幻灯片层次结构中的顶层幻灯片,用于存储有关演示文稿的主题和幻灯片版式,它影响整个演示文稿的外观,所以在日常工作中首先我们要掌握母版的设计方法。

二、实训内容

1.快速应用内置主题

STEP 1 在幻灯片中,在"设计"→"主题"选项组中单击▾按钮,在展开的下拉菜单中选择适合的主题,如实训图 3-10 所示。

实训图 3-10　选择主题样式

STEP 2 应用主题后的幻灯片效果如实训图 3-11 所示。

实训图 3-11　应用主题

2.更改主题颜色

STEP 1 在"设计"→"主题"选项组中单击"颜色"下拉按钮,在其下拉菜单中选择适合的颜色。

STEP 2 选择适合的主题颜色后，即可更改主题颜色，如实训图 3-12 所示。

实训图 3-12　更改主题颜色

3. 插入、重命名幻灯片母版

（1）插入母版

STEP 1 在幻灯片母版视图中，选中要设置的文本，在"视图"→"母版视图"选项组中单击"幻灯片母版"按钮，进入幻灯片母版界面。在"编辑母版"选项组中单击"插入幻灯片母版"按钮，如实训图 3-13 所示。

STEP 2 插入幻灯片母版之后，具体效果如实训图 3-14 所示。

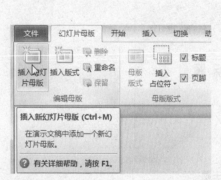

实训图 3-13　单击"插入幻灯片母版"按钮

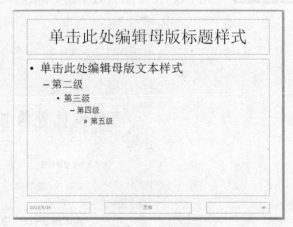

实训图 3-14　插入母版

（2）重命名母版

STEP 1 在"编辑母版"选项组中单击"重命名"按钮，如实训图 3-15 所示。

STEP 2 打开"重命名版式"对话框,在"版式名称"文本框中输入名称,单击"重命名"按钮即可,如实训图 3-16 所示。

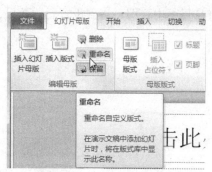

实训图 3-15 单击"重命名"按钮

实训图 3-16 重命名母版

4. 修改母版版式

STEP 1 在"幻灯片母版"→"母版版式"选项组中单击"插入占位符"下拉按钮,在下拉菜单中选择"图片"命令,如实训图 3-17 所示。

STEP 2 在母版中绘制,即可看到插入了图片占位符,如实训图 3-18 所示。

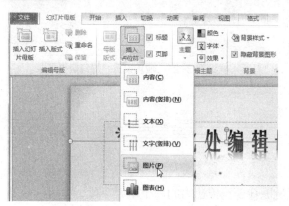

实训图 3-17 选择要插入的占位符

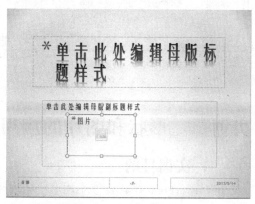

实训图 3-18 插入图片占位符

5. 设置母版背景

STEP 1 在"幻灯片母版"→"背景"选项组中单击"背景样式"下拉按钮,在下拉菜单中选择"设置背景格式"命令,如实训图 3-19 所示。

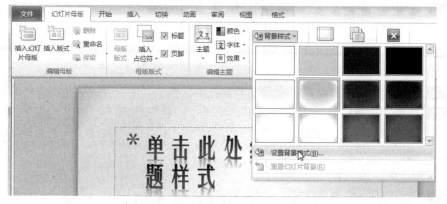

实训图 3-19 选择"设置背景格式"命令

STEP 2 打开"设置背景格式"对话框，在"填充"选项下设置渐变填充效果，如实训图 3-20 所示。

STEP 3 单击"全部应用"按钮，返回到幻灯片母版中，即可看到设置后的效果，如实训图 3-21 所示。

实训图 3-20　设置渐变样式

实训图 3-21　应用设置好的背景格式

实训三　形状和图片的应用

一、实训目的

在 PowerPoint 中，合理添加形状和图片是提升视觉传达力的一个重要手段，也可以使幻灯片更加美观，因此，幻灯片中形状和图片的应用必须掌握。

二、实训内容

1.图形的操作技巧

（1）插入形状

STEP 1 在"插入"→"插图"选项组中单击"形状"下拉按钮，在下拉菜单中选择合适的形状，如选择"基本形状"下的"心形"，如实训图 3-22 所示。

STEP 2 拖动鼠标光标画出合适的形状大小，完成形状的插入，如实训图 3-23 所示。

（2）设置形状填充颜色

STEP 1 选中形状，在右键菜单中选择"设置形状格式"命令，如实训图 3-24 所示。

STEP 2 打开"设置形状格式"对话框，单击"颜色"右侧下拉按钮，在下拉菜单中选择适合的颜色，如实训图 3-25 所示。单击"关闭"按钮，即可更改形状的填充颜色。

（3）在形状中添加文字

STEP 1 选中形状，在右键菜单中选择"编辑文字"命令，如实训图 3-26 所示。

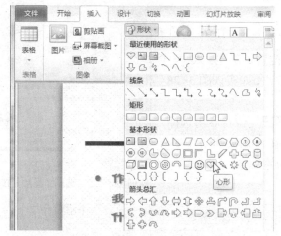

实训图 3-22　选择形状样式

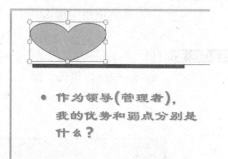

实训图 3-23　绘制形状

实训图 3-24　选择"设置形状格式"命令

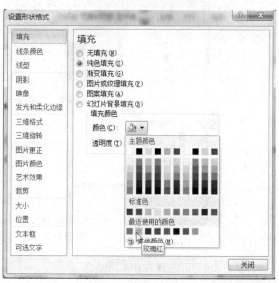

实训图 3-25　选择填充颜色

STEP 2 此时系统在形状中添加光标，输入文字即可，在"字体"选项组中设置文字格式，设置完成的效果如实训图 3-27 所示。

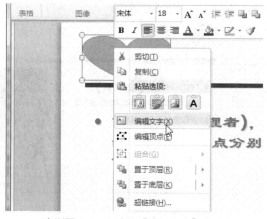

实训图 3-26　选择"编辑文字"命令

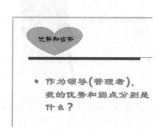

实训图 3-27　添加文字后效果

2.图片的操作技巧

（1）插入计算机中的图片

STEP 1 将光标定位在需要插入图片的位置，在"插入"→"插图"选项组中单击"图片"按钮，如实训图3-28所示。

STEP 2 打开"插入图片"对话框，选择图片位置后再选择插入的图片，单击"插入"按钮，如实训图3-29所示，即可插入计算机中的图片。

实训图 3-28 选择"图片"按钮

实训图 3-29 找到图片保存位置

（2）图片位置和大小调整

STEP 1 插入图片后选中图片，当鼠标指针为 形状时，拖动鼠标光标即可移动图片，如实训图 3-30 所示。

STEP 2 将鼠标光标定位到图片控制点上，当鼠标指针变为 形状时，拖动鼠标光标即可更改图片大小，如实训图 3-31 所示。

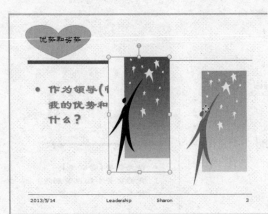

实训图 3-30 移动图片

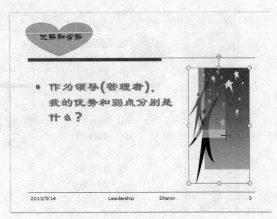

实训图 3-31 更改图片大小

（3）更改图片颜色

STEP 1 在"图片工具"→"格式"→"调整"选项组中单击"颜色"下拉按钮，在下拉菜单中选择"冲蚀"。

STEP 2 此时即可重新设置图片颜色，效果如实训图 3-32 所示。

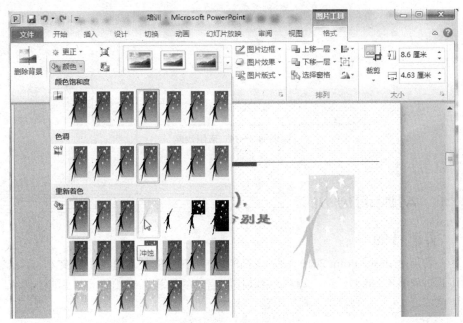

实训图 3-32　重新更改颜色

（4）设置图片格式

STEP 1 在"图片工具"→"格式"→"图片样式"选项组中单击▾按钮，在下拉菜单中选择一种合适的样式，如"剪裁对角线，白色"样式，如实训图 3-33 所示。

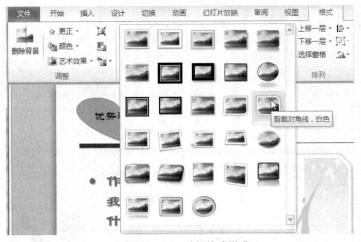

实训图 3-33　选择格式样式

STEP 2 单击该样式即可将效果应用到图片中，完成外观样式的快速套用，效果如实训图 3-34 所示。

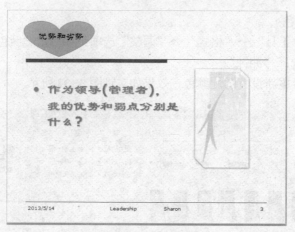

实训图 3-34　应用效果

实训四　动画的应用

一、实训目的

自定义动画是 PowerPoint 2010 系统自带的动画效果，能使幻灯片上的文本、形状、图像、图表或其他对象具有动画效果，这样就可以控制信息的流程，突出重点。因此，掌握动画的应用也是必不可少的。

二、实训内容

1. 创建进入动画

STEP 1　选中要设置进入动画效果的文字，在"动画"→"动画"选项组中单击 ▾ 按钮，在下拉菜单中"进入"栏下选择进入动画，如"翻转式由远及近"，如实训图 3-35 所示。

实训图 3-35　选择"进入"动画

STEP 2 添加动画效果后，文字对象前面将显示动画编号 ① 标记，如实训图 3-36 所示。

2. 创建强调动画

STEP 1 选中要设置强调动画效果的文字，在"动画"→"动画"选项组中单击 ⊡ 按钮，在下拉菜单中"强调"栏下选择强调动画，如"补色"，如实训图 3-37 所示。

STEP 2 在预览时，可以看到文字颜色发生变化，效果如实训图 3-38 所示。

实训图 3-36　应用动画显示 1

实训图 3-37　选择"强调"动画

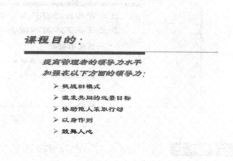

实训图 3-38　动画应用效果

3. 创建退出动画

STEP 1 选中要设置强调动画效果的文字，在"动画"→"动画"选项组中单击 ⊡ 按钮，在下拉菜单中选择"更多退出效果"命令，如实训图 3-39 所示。

STEP 2 打开"更多退出效果"对话框，选中需要设置的退出效果，如实训图 3-40 所示。

实训图 3-39　选择"更多退出效果"命令

实训图 3-40　选择退出效果

STEP 3 单击"确定"按钮，即可完成设置。

4. 调整动画顺序

STEP 1 在"动画"→"高级动画"选项组中单击"动画窗格"按钮，在右侧打开动画窗格，如实训图 3-41 所示。

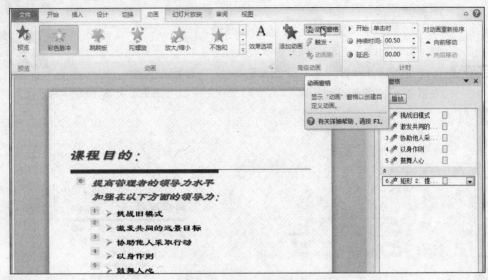

实训图 3-41　显示"动画窗格"

STEP 2 选中动画 3，单击▲按钮，如实训图 3-42 所示。

STEP 3 此时即可看到动画 3 向上调整为动画 2，如实训图 3-43 所示。

实训图 3-42　向上移动动画

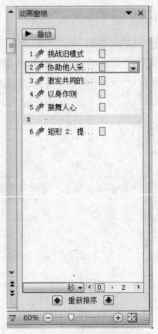

实训图 3-43　移动后效果

5. 设置动画时间

STEP 1 在"动画"→"计时"选项组中单击"开始"文本框右侧的下拉按钮，在下拉菜单中选择动画所需计时，如实训图 3-44 所示。

STEP 2 在"动画"→"计时"选项组中单击"持续时间"文本框右侧微调按钮，即可调整动画需要运行的时间，如实训图 3-45 所示。

实训图 3-44　设置动画开始时间

实训图 3-45　设置动画播放时间

实训五　音频和 Flash 动画的处理

一、实训目的

在演示文稿中插入音频和 Flash 动画可以为演示文稿添加声音和视频，在放映时为幻灯片锦上添花。音频和 Flash 动画是演示文稿的高级操作，在学习制作演示文稿时，也是需要掌握的。

二、实训内容

1. 插入音频

STEP 1 在"插入"→"媒体"选项组中单击"音频"下拉按钮，在其下拉菜单中选择"文件中的音频"命令，如实训图 3-46 所示。

STEP 2 在打开的"插入音频"对话框中选择合适的音频，如实训图 3-47 所示。

实训图 3-46　选择插入音频样式

实训图 3-47　选择音频

STEP 3 单击"插入"按钮，即可在幻灯片中插入音频，如实训图 3-48 所示。

实训图 3-48　插入音频

2.播放音频

STEP 1 在幻灯片中单击"播放/暂停"按钮，即可播放音频，如实训图 3-49 所示。

STEP 2 在"音频工具"→"播放"→"预览"选项组中单击"播放"按钮，即可播放音频，如实训图 3-50 所示。

实训图 3-49　播放音频

实训图 3-50　单击"播放"按钮

3.插入 Flash 动画

STEP 1 在"插入"→"媒体"选项组中单击"视频"下拉按钮，在其下拉菜单中选择"来自网站的视频"命令，如实训图 3-51 所示。

STEP 2 打开"从网站插入视频"对话框，在文本框中复制 Flash 动画所在 html 地址，如实训图 3-52 所示。

图 3-51　选择插入视频样式

图 3-52　粘贴 Flash 动画

STEP 3 单击"插入"按钮，即可在幻灯片中插入 Flash 动画。

实训六　PowerPoint 的放映设置

一、实训目的

在演示文稿放映之前，用户可以对放映方式进行设置，还可以排练放映时间，确保幻灯片的正常放映。放映设置是幻灯片制作的最后一步，虽然不是重点内容，但也需要掌握。

二、实训内容

1.设置幻灯片的放映方式

STEP 1 在"幻灯片放映"→"设置"选项组中单击"设置幻灯片放映"按钮，如实训图 3-53 所示。

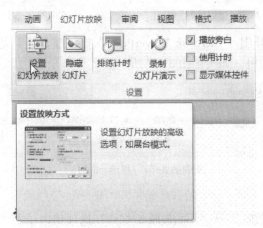

实训 3-53　单击"设置幻灯片放映"按钮

STEP 2 打开"设置放映方式"对话框，在"放映类型"区域选中"观众自行浏览"单选钮，如实训图 3-54 所示。

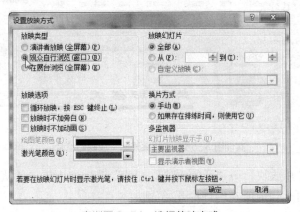

实训图 3-54　选择放映方式

STEP 3 单击"确定"按钮，即可更改幻灯片的放映类型。

2.设置放映的时间

STEP 1 在"幻灯片放映"→"设置"选项组中单击"排练计时"按钮，如实训图 3-55 所示。

STEP 2 随即幻灯片进行全屏放映，在其左上角会出现"录制"窗口，如实训图 3-56 所示。

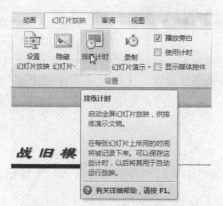

实训图 3-55　单击"排练计时"按钮　　　　　　　　实训图 3-56　排练计时

STEP 3 录制结束后弹出"Microsoft PowerPoint"提示框，提示是否保留排练时间，单击"是"按钮即可，如实训图 3-57 所示。

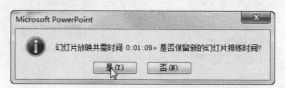

实训图 3-57　提示计时时间

3. 放映幻灯片

STEP 1 在"幻灯片放映"→"开始放映幻灯片"选项组中单击"从头开始"按钮，如实训图 3-58 所示，即可从头开始放映。

实训图 3-58　"从头开始"放映幻灯片

STEP 2 在"幻灯片放映"→"开始放映幻灯片"选项组中单击"从当前幻灯片开始"按钮，即可从当前所在幻灯片开始放映。

实训七　PowerPoint 的输出与发布

一、实训目的

对于制作好的演示文稿，除了将其保存为演示文稿文件外，还可以以其他的方式输出，如实训图片和 PDF 文件的方式输出。

二、实训内容

1.输出为 JPEG 图片

STEP 1 单击"文件"→"另存为"命令，打开"另存为"对话框，设置文件名和保存位置，单击"保存类型"下拉按钮，在下拉菜单中选择"JPEG 文件交换格式"，如实训图 3-59 所示。

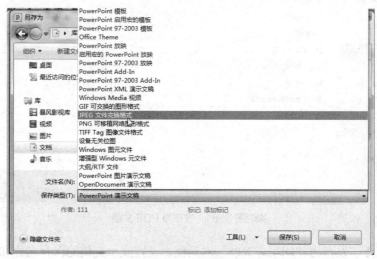

实训图 3-59　选择保存方式

STEP 2 单击"保存"按钮，即可将文件保存为 JPEG 格式，保存后的效果如实训图 3-60所示。

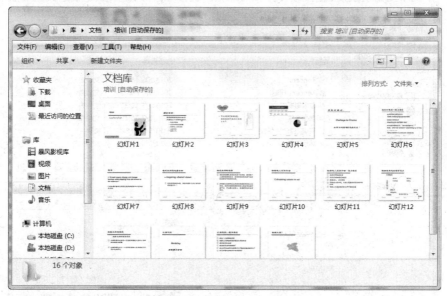

实训图 3-60　保存为 JPEG 交换格式

2.发布为 PDF 文档

STEP 1 单击"文件"→"保存并发送"命令，接着单击"创建 PDF/XPS 文档"按钮，在最右侧单击"创建 PDF/XPS"按钮，如实训图 3-61 所示。

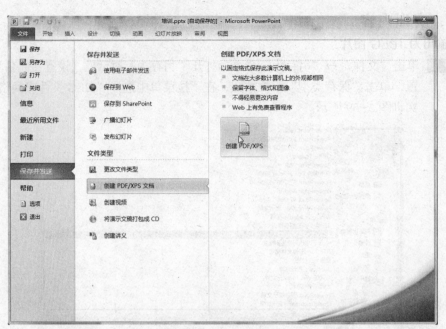

实训图 3-61 发布为 PDF 文档

STEP 2 打开"发布为 PDF 或 XPS"对话框，设置演示文稿的保存名称和路径，如实训图 3-62 所示。

实训图 3-62 设置发布路径和名称

STEP 3 单击"发布"按钮，即可将演示文稿输出为 PDF 格式，效果如实训图 3-63 所示。

实训图 3-63 输出为 PDF 文档

第4章
常用工具软件实训指导

实训一　文件压缩与加密

一、实训目的

掌握 WinRAR 的操作，对文件进行压缩、解压或加密。

二、实训内容

1. 压缩文件

使用 WinRAR 可以快速压缩文件，具体操作步骤如下。

STEP 1 双击 WinRAR，打开 WinRAR 主界面，选择需要压缩的文件，如选择"压缩文件-5"文件夹，单击"添加"按钮，如实训图 4-1 所示。

STEP 2 此时会打开"压缩文件名和参数"对话框，在"常规"选项下，单击"确定"按钮，如实训图 4-2 所示。

实训图 4-1　选择压缩文件

实训图 4-2　设置压缩方式

STEP 3 此时即实现文件压缩，如实训图 4-3 所示。

2. 为文件添加注释

用户可以根据需要为压缩文件添加注释，具体操作步骤如下。

STEP 1 在 WinRAR 主界面中，选中需要添加注释的压缩文件，单击"命令"→"添加压缩文件注释"选项，如实训图 4-4 所示。

实训图 4-3　压缩完成

STEP 2 打开"压缩文件 压缩文件-5"对话框，在"压缩文件注释"栏下的文本框中输入注释内容，如实训图 4-5 所示。

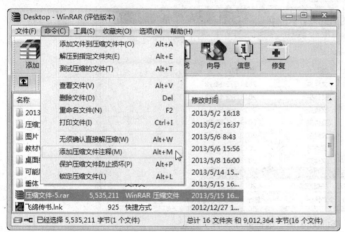

实训图 4-4　添加压缩文件注释

实训图 4-5　输入注释内容

STEP 3 单击"确定"按钮即可。

3. 测试解压缩文件

在需要解压文件之前，可以先测试一下收到的文件，以增强安全性。具体操作步骤如下。

STEP 1 在 WinRAR 主界面中，选中需要解压的文件，单击"测试"按钮，此时 WinRAR 会对文件夹进行检测，如实训图 4-6 所示。

STEP 2 测试完成后弹出如实训图 4-7 所示的提示窗口，单击"确定"按钮即可。

4. 新建解压文件位置

对于压缩过的文件，用户可以根据需要将其解压到新建的文件夹中。具体操作步骤如下所述。

STEP 1 在 WinRAR 主界面中，选中需要解压的文件，单击"解压到"按钮，如实训图 4-8 所示。

STEP 2 打开"解压路径和选项"对话框，选择解压位置，单击"新建文件夹"按钮，然后输入文件夹名称，如实训图 4-9 所示。

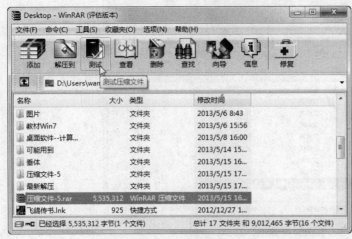

实训图 4-6　选择测试文件

实训图 4-7　测试完成

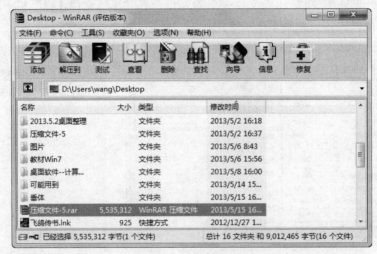

实训图 4-8　选择解压文件

实训图 4-9　新建文件夹

STEP 3 单击"确定"按钮，即可将文件解压到指定位置。

5. 解压文件

设置好解压位置后，用户可以对文件进行解压。具体操作步骤如下。

STEP 1 在 WinRAR 主界面中，选中需要解压的文件，单击"解压到"按钮，如实训图 4-10 所示。

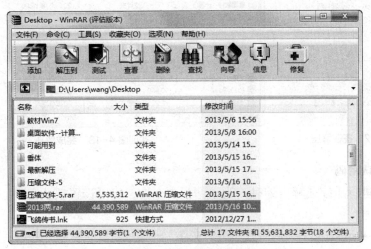

实训图 4-10　选中解压文件

STEP 2 打开"解压路径和选项"对话框，单击"确定"按钮，系统会自动对文件进行解压，如实训图 4-11 所示。

实训图 4-11　"解压路径和选项"对话框

STEP 3 单击"确定"按钮开始解压，如实训图 4-12 所示。

STEP 4 解压完成后如实训图 4-13 所示。

实训图 4-12　正在解压

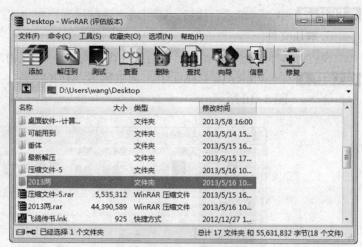

实训图 4-13　完成解压

6. 设置默认密码

在对文件进行压缩或解压缩时，为了增强安全性，可以设置默认密码。具体操作步骤如下。

STEP 1 在 WinRAR 主界面中，单击"文件"→"设置默认密码"选项，如实训图 4-14 所示。

STEP 2 打开"输入密码"对话框，在"设置默认密码"栏下输入密码并确认密码，勾选"加密文件名"复选框，如实训图 4-15 所示。

STEP 3 单击"确定"按钮即可。

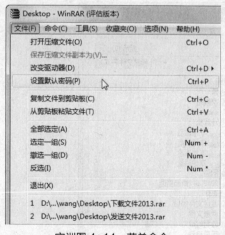

实训图 4-14　菜单命令

实训图 4-15　输入密码

7. 清除临时文件

用户可以通过设置，使系统在压缩文件时可以清除临时文件。具体操作步骤如下。

STEP 1 在 WinRAR 主界面中，单击"选项"→"设置"选项，如实训图 4-16 所示。

STEP 2 打开"设置"对话框，切换到"安全"选项下，在"清除临时文件"栏下选中"总是"单选钮，如实训图 4-17 所示。

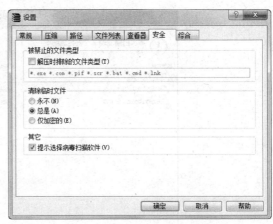

实训图 4-16 "选项"菜单命令　　　　　　　　　　实训图 4-17 "设置"对话框

实训二　计算机查毒与杀毒

一、实训目的

掌握 360 杀毒软件的基本操作，使用 360 杀毒软件查杀计算机病毒。

二、实训内容

1.快速扫描

使用 360 杀毒快速对计算机进行扫描，具体操作步骤如下所述。

STEP 1 双击 "360 杀毒" 图标，打开 360 杀毒主界面，单击 "快速扫描" 按钮，如实训图 4-18 所示。

实训图 4-18　快速扫描

STEP 2 稍等片刻即显示出扫描结果，如实训图 4-19 所示。

2.处理扫描结果

快速扫描完成后，可以立即处理扫描发现的安全威胁，具体操作步骤如下所述。

STEP 1 在扫描完成的窗口中，勾选窗口左下角的 "全选" 复选框，单击 "立即处理" 按钮，如实训图 4-20 所示。

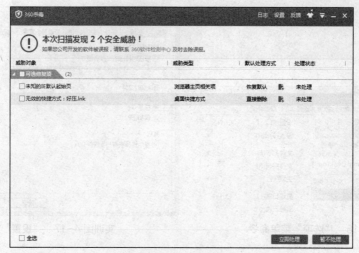

实训图 4-19 扫描结果

实训图 4-20 立即处理

STEP 2 此时窗口中会弹出处理结果，单击"确认"按钮，如实训图 4-21 所示。

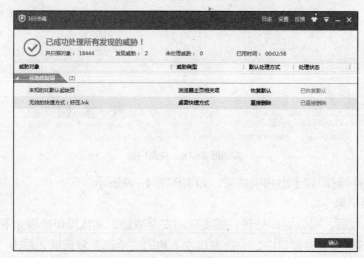

实训图 4-21 处理结果

STEP 3 此时窗口中会出现如实训图 4-22 所示的提示。

实训图 4-22　提示窗口

3. 自定义扫描

用户可以根据需要选择特定的盘符进行扫描，具体操作步骤如下。

STEP 1 双击 360 杀毒，打开 360 杀毒主界面，单击"自定义扫描"按钮，如实训图 4-23 所示。

实训图 4-23　单击"自定义扫描"

STEP 2 打开"选择扫描目录"对话框，在"请勾选上您要扫描的目录或文件"栏下进行选择，如勾选"本地磁盘（E:）"复选框，单击"扫描"按钮，如实训图 4-24 所示。

STEP 3 此时 360 杀毒开始对 E 盘进行扫描，如实训图 4-25 所示。

4. 宏病毒查杀

用户可以根据需要使用宏病毒查杀，具体操作步骤如下。

STEP 1 双击 360 杀毒，打开 360 杀毒主界面，在窗口下侧单击"宏病毒查杀"按钮，如实训图 4-26 所示。

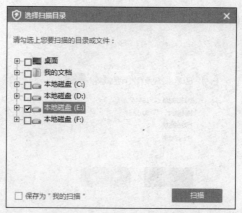

实训图 4-24　勾选"本地磁盘 E"

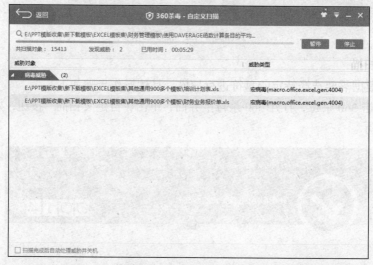

实训图 4-25　对 E 盘进行扫描

实训图 4-26　宏病毒查杀

STEP 2 此时会弹出如实训图 4-27 所示的提示对话框。

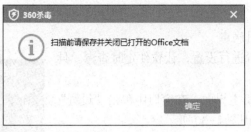

实训图 4-27　提示对话框

STEP 3 单击"确定"按钮开始扫描宏病毒，完成后扫描结果显示在窗口中，单击"立即处理"按钮，如实训图 4-28 所示。

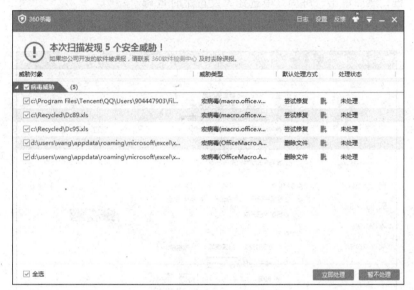

实训图 4-28　扫描结果

STEP 4 处理后窗口中显示处理结果，如实训图 4-29 所示。

实训图 4-29　处理结果

5. 杀毒设置

（1）定时查杀计算机病毒

用户可以对 360 杀毒进行设置，让软件定时查毒。具体操作步骤如下。

实训图 4-30 打开"设置"选项

STEP 1 打开 360 杀毒主界面，在窗口中单击"设置"按钮，如实训图 4-30 所示。

STEP 2 打开"360 杀毒 - 设置"窗口，在左侧窗口中单击"常规设置"选项，然后在右侧窗口中的"定时查毒"栏下勾选"启用定时查毒"复选框，然后单击"每周"单选钮，设置定时查毒时间，如实训图 4-31 所示。

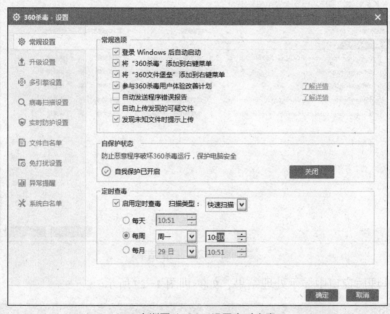

实训图 4-31 设置定时查毒

STEP 3 单击"确定"按钮完成设置。

（2）自动处理发现的计算机病毒

实训图 4-32 打开设置

用户可以对 360 杀毒进行设置，让软件自动处理发现的病毒。具体操作步骤如下。

STEP 1 打开 360 杀毒主界面，在窗口上方单击"设置"，如实训图 4-32 所示。

STEP 2 打开"360 杀毒 - 设置"窗口，在左侧窗口中单击"病毒扫描设置"选项，然后在右侧窗口中的"发现病毒时的处理方式"栏下勾选"由 360 杀毒自动处理"复选框，如实训图 4-33 所示。

STEP 3 单击“确定”按钮完成设置。

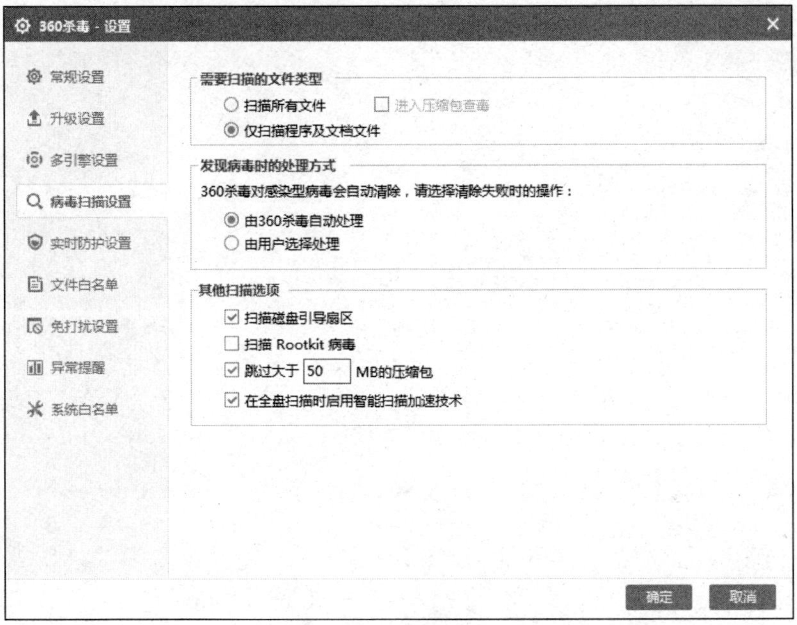

实训图 4-33 设置自动处理病毒